기초피부관리실습

- Practice of Basic Skin Care -

박경선 · 이혜경 · 김준희 공저

구민사

저자소개

박경선 신성대학교 미용예술계열 조교수

이혜경 서울시 서부여성발전센터 피부강사

김준희 경복대학교 의료미용과 외래교수

머리말

Practice of
Basic Skin Care

최근 삶의 질적 향상에 대한 욕구가 증대됨으로써 여성들의 경제 활동이 증가하고, 시대적인 변화에 따라 미에 관한 욕구가 부각되면서 뷰티산업이 빠르게 성장하고 있습니다. 이에 피부미용이 전문성 있는 세분화 직업으로 분류되었고, 우리나라에서는 미용사(피부)라는 국가공인 피부미용사자격검정을 실시하고 있습니다.

본 교재는 피부미용이 과학적인 학문으로 정립해야 하는 시점임을 감안하여 체계적으로 이론을 정립하고 현장감 있는 실기를 초보자도 따라할 수 있도록 이해하기 쉽도록 구성하였습니다.

피부미용 중 안면관리의 기초부터 마무리까지 구체적이며 실질적인 자료로 간단하게 정리하여 내용을 보다 쉽고 정확하게 전달하고자 합니다. 동작 순서 및 테크닉은 그림을 직접 그리면서 정리할 수 있는 장점이 있으며 관리 시 준비사항, 딥 클렌징, 팩과 마스크 등의 적용법은 상세하게 설명하였습니다.

부디 이 교재가 미용예술계열 학생들과 미용사(피부) 국가자격검정시험을 준비하시는 분들에게 도움이 되길 바라며, 미비한 점들은 계속 수정, 보완해 나갈 것을 다짐합니다.

끝으로 출판을 하는데 도움을 주신 도서출판 구민사 조규백 사장님과 김효섭 차장님, 그리고 관계자 여러분께 감사의 말씀을 올립니다.

2015년 2월

저자대표 **박경선**

CONTENTS

part 1 피부미용개론 / 7

제1장 피부미용이론 / 9

제2장 피부미용 전문가를 위한 피부미용학 / 11

제3장 피부미용사의 전망 및 진로 / 16

제4장 피부관리사의 위생 및 조건 / 17

제5장 피부관리를 위한 환경조건 및 위생 / 19

part 2 안면 클렌징 실습 / 23

제1장 클렌징 / 25

제2장 클렌징의 순서와 동작 / 29

part 3 상담 및 피부분석 / 65

제1장 피부미용의 상담 / 67

제2장 피부분석 / 73

CONTENTS

part 4 눈썹정리 및 수정 / 83

제1장 눈썹정리 / 85

제2장 수정 / 86

part 5 딥클렌징 / 91

제1장 딥클렌징 / 93

part 6 매뉴얼 테크닉(안면마사지) / 105

제1장 매뉴얼 테크닉 / 107

part 7 팩과 마스크 / 137

제1장 팩 / 139

제2장 마스크 / 142

제3장 팩과 마스크의 차이점 / 147

part 8 얼굴관리 마무리 / 153

제1장 얼굴관리 마무리 / 155

참고문헌 / 159

노력하는 당신은 아름답습니다.
구민사는 당신의 성공을 응원합니다.

part 1

피부미용개론

제1장 피부미용이론

제2장 피부미용 전문가를 위한 피부미용학

제3장 피부미용사의 전망 및 진로

제4장 피부관리사의 위생 및 조건

제5장 피부관리를 위한 환경조건 및 위생

노력하는 당신은 아름답습니다.
구민사는 당신의 성공을 응원합니다.

1 피부미용이론

(1) 정의

피부미용이란 과학적 지식을 바탕으로 피부를 아름답고 청결하게 하고 건강하게 유지하고 개선시키는 과정이다. 고객의 상담과 피부분석을 통하여 안정감 있고 위생적인 환경에서 얼굴과 전신의 피부를 미용기기와 화장품 등을 이용하여 서비스를 제공하고 피부미용에 대한 업무수행을 기획, 관리하는 일이다.

1) **미용사(피부) 영역** : 눈썹정리, 제모, 두피를 제외한 전신관리, 의료기기나 의약품을 사용지 아니하는 피부상태분석·피부관리·제모·눈썹손질
2) **미용사(일반) 영역** : 모발, 메이크업, 머리피부손질
3) **미용사(네일) 영역** : 손·발톱 관리

(2) 세계 여러 나라의 피부미용 용어

고대 그리스어인 Kosmein에서 Cosmetic이 유래되었으며, Kosmein은 '장식하다', '치장하다', '관리하다'의 의미를 포함하고 있다. 피부미용은 독일의 바움 가르텐이라는 미학자에 의해 처음 사용되었으며, 오늘날 각 나라마다 피부미용에 대한 명칭은 다양한 용어로 사용되고 있다.

1) **독일** : Kosmetik
2) **영국** : Cosmetic
3) **프랑스** : Esthetique
4) **일본** : エステ(에스테)
5) **미국** : Skin Care, Esthetic, Aesthetic
6) Esthetique 용어는 피부관리와 화장품의 구별을 위해 사용

(3) 피부미용의 기능

1) 관리적 기능

피부의 노화를 지연하고 현 상태의 피부건강을 유지 개선시키고, 세균, 오염, 먼지, 태양 등의 외적요인에 의해 피부가 손상되는 것을 보호하는 것을 말한다.

2) 심리적 기능

피부 상태의 세심한 관찰을 통해 신체로 인한 정신적 · 심리적 상태의 변화를 알 수 있다. 외모로 인해 받게 되는 여러 가지 형태의 스트레스에 대한 상담 등이 심리적 피부미용에 속한다.

3) 미적 기능(장식적 기능)

피부 결함을 조정하거나 커버할 수 있고, 개성을 나타낼 수 있게 하는 기술과 지식이 미적기능에 속한다.

(4) 피부미용의 목적

피부 관리란 두피를 제외한 전신의 피부를 관리하는 것으로 아름다움을 유지하고 개선하는 것이다. 피부 관리의 효과에는 화학적 효과와 물리적 효과가 있다. 물리적 효과를 얻기 위한 방법으로는 피부상태에 적합한 매뉴얼 테크닉, 도구 등을 이용하고, 화학적 효과를 얻는 방법으로는 피부표면과 피부 구조에 기초를 두고 적절한 화장품 등을 이용한다.

위와 같이 피부 관리는 얼굴 및 전신 피부를 물리적인 방법과 화학적인 방법을 이용하여 피부의 생리적 기능을 높이고 신진대사를 활발하게 하여 영양을 공급함으로써 피부를 아름답게 유지시키고 보호 및 개선하여 관리하는 것을 말한다.

2 피부미용 전문가를 위한 피부미용학

(1) 미용사(피부) 국가 자격 취득을 위한 정보

1) 국가 공인 피부미용사란?

국가 공인 피부미용사는 정부(노동부)에서 시행하는 국가공인 자격증을 취득한 자로서 얼굴 및 전신의 피부를 건강하고 아름답게 유지, 보호, 개선 관리하기 위하여 여러 가지 기기와 제품, 수기요법 등을 사용하여 피부미용 업무를 수행하는 사람을 말한다.

2) 미용사(피부) 자격 제도 신설 배경 및 필요성

피부미용 업무는 공중위생 분야로서 국민의 건강과 직결되어 있는 중요한 분야이다. 이미 국가의 산업 구조가 제조업에서 서비스업 중심으로 전환되어 의료관광, 뷰티관광과 함께 또 하나의 산업으로 발전하여 그 수요가 증대되고 있다. 세계 뷰티산업이 세분화, 전문화 추세임을 감안하여 우리나라 뷰티산업 또한 세계적 추세의 세분화, 전문화 필요에 의해 국가 공인 피부미용사 자격제도를 신설하게 되었다.

3) 피부미용사 시험 제도

① 검정 기준

건강한 피부를 대상으로 고객의 피부 타입과 유형을 분석하여 고객카드를 작성하고 이에 맞는 물리 화학적 방법을 이용하여 올바른 피부 관리 업무 수행을 위해 기획, 관리할 수 있는 능력의 유무를 검정한다.

② 시행 : 한국산업인력공단

③ 검정기준 : 노동부

④ 응시자격 : 제한없음

⑤ 시험과목

㉠ 필기시험 : 피부미용학, 피부학, 해부생리학, 피부 미용기기학, 화장품학, 공중위생관리학

㉡ 실기시험 : 얼굴관리, 전신관리 및 제모, 림프드레나쥐

⑥ 합격기준

㉠ 필기시험 : 선다형 이론시험으로 총 60문제, 60점 이상 합격

㉡ 실기시험 : 작업형으로 60점 이상 합격

⑦ 실기시험을 위한 수험자 자세

㉠ 고객(시험 감독관) 대기 및 안내

고객접점 순간의 고객을 맞는 자세 및 관리사 복장, 표정 등은 첫 인상의 상당부분을 결정한다. 그러므로 시험 감독관과의 대기 및 안내에 있어서도 올바른 자세, 밝은 표정, 시험규정에 맞는 정갈한 복장을 갖추고 감독관을 대한다.

㉡ 수험자의 자세

피부관리사로서 고객에 대한 배려와 정성은 아무리 강조해도 지나침이 없다. 그러므로 수험자로서 모델을 대할 때도 고객을 대할 때와 마찬가지로 위생, 청결, 배려, 정성이 느껴질 수 있도록 한다. 복장을 단정히 하고, 화장품의 사용에 있어 위생과 청결에 항상 주의하고 고객이 불편함을 느끼지 않고 피부관리를 받을 수 있게 세심한 배려가 있어야 하겠다.

세부적인 사항으로 밝은 표정, 흰색의 청결하고 잘 다려진 피부관리사 가운 착용 및 실내화 착용, 흘러내리지 않는 머리카락, 손톱의 위생상태 및 에나멜 상태 등에 유의한다.

㉢ 수험시의 모델 이미지

시험규정에 맞게 화장을 실시하고, 눈썹을 미리 정리하지 않은 상태에서 모델 가운과 모델 겉 가운을 입히고 고객용 슬리퍼를 신게 한다.

㉣ 마무리

시험이 모두 끝나면 마지막까지 시험 감독관에 대한 예의를 갖추고, 작업 공간, 피부 관리 도구, 화장품 등을 깨끗하고 위생적으로 정리한다.

4) 수험자 지참 공구목록

수험자 지참 공구목록			자격종목 : 미용사(피부)		
일련번호	지참공구명	규 격	단위	수 량	비 고
1	위생복	상의 반팔 가운, 하의 긴 바지	벌	1	
2	실내화	흰색	켤레	1	실내화만 허용
3	마스크	흰색	개	1	
4	대형 타월	100×180cm	장	2	베드용, 모델용
5	중형 타월	65×130cm	장	1	
6	소형 타월	35×80cm	장	5장 이상	습포, 건포용
7	헤어터번(터번)	벨크로(찍찍이)형	개	1	분홍색 또는 흰색
8	여성모델용 가운 및 겉가운	밴드(고무줄, 벨크로)형 일반형(겉가운)	벌	1	분홍색 또는 흰색
9	남성모델용 옷	박스형 반바지&T-셔츠	벌	1	하의 - 베이지 또는 남색 상의 - 흰색
10	모델용 슬리퍼		켤레	1	
11	필기도구	볼펜	자루	1	검은색 또는 청색
12	알코올 및 분무기		개	1	필요량
13	일반솜		봉	1	탈지면, 필요량
14	비닐봉지, 비닐팩		장	각 1	쓰레기처리용, 습포보관용(두터운 비닐팩)
15	미용솜		통	1	화장솜
16	면봉		봉	1	필요량
17	티슈		통	1	필요량
18	붓		개	2	클렌징, 팩용
19	해면		세트	1	필요량
20	스파튤라		개	3	클렌징, 팩용

수험자 지참 공구목록			자격종목 : 미용사(피부)		
일련번호	지참공구명	규 격	단위	수 량	비 고
21	보울(bowl)		개	3	클렌징, 팩 등
22	가위		개	1	눈썹정리, 제모
23	족집게		개	1	눈썹정리, 제모
24	브러시		개	1	눈썹정리, 제모
25	눈썹칼		개	1	눈썹정리
26	거즈		장	1	
27	아이패트		개	2	거즈, 화장솜 가능
28	나무스파튤라		개	1	제모용
29	부직포	7×20cm	장	1	제모용
30	장갑	라텍스	켤레	1	제모용
31	종이컵	100ml	개	1	제모용
32	보관통	컵형	개	2	스파튤라, 붓 등
33	보관통	뚜껑달린 통	개	2	알코올 솜 등
34	해면볼	소형	개	1	
35	바구니		개	2	정리용 사각
36	트레이(쟁반)	소형	개	1	습포용
37	효소		개	1	파우더형
38	고마쥐		개	1	크림형 또는 젤형
39	AHA	함량 10% 이하	개	1	액체형
40	스크럽제		개	1	크림형 또는 젤형
41	팩	크림타입	set	1	정상, 건성, 지성
42	스킨토너(화장수)		개	1	모든 피부용
43	크림, 오일	매뉴얼 테크닉용	개	1	모든 피부용
44	탈컴 파우더		개	1	제모용
45	진정로션 혹은 젤		개	1	제모용

수험자 지참 공구목록			자격종목 : 미용사(피부)		
일련번호	지참공구명	규 격	단위	수 량	비 고
46	영양크림		개	1	모든 피부용
47	아이 및 립크림		개	1	모든 피부용(공용사용가능)
48	포인트 메이크업 리무버	아이, 립	개	1	모든 피부용
49	클렌징 제품	얼굴 등	개	1	모든 피부용
50	고무볼	중형	개	1	마스크용
51	석고마스크	파우더타입	개	1	1인 사용량
52	고무모델링마스크	파우더타입	개	1	1인 사용량
53	베이스크림	크림타입	개	1	석고 마스크용
54	모델		명	1	

※ 타월류의 경우는 비슷한 크기이면 무방합니다.
※ 기타 필요한 재료의 지참은 가능합니다.
※ 팩과 마스크, 딥클렌징용 제품을 제외한 다른 모든 화장품은 모든 피부용을 지참하십시오.
※ 바구니의 경우 왜건크기보다 크면 사용할 수 없습니다.
※ 부직포는 지정된 길이에 맞게 미리 잘라서 오시면 됩니다.
※ 재료에 관련된 자세한 사항은 홈페이지(www.hrdkorea.or.kr) 공지사항 및 FAQ 안내사항, 큐넷(www.q-net.or.kr)의 자료실에서 수험자 지참재료목록 등을 참고로 하십시오.

3 피부미용사의 전망 및 진로

(1) 피부미용사의 전망

아름답고 젊은 피부를 유지하고 증가시키기 위한 욕구가 날로 증가하고 있으며, 이러한 현상이 여성뿐만 아니라 남성에게서 나타나고 있다. 또한 한류 등의 영향으로 한국의 뷰티산업이 중국 및 여러 나라로 진출하고 있고, 기업형 뷰티샵이 우리나라에 들어오고 대형 병원 등에서도 피부 관리실을 별도로 설치하는 등 피부미용 전문가의 수요가 요구되고 있다.

(2) 피부미용사의 진로

1) 창업

남성에게서도 피부 관리에 대한 욕구가 증가하고, 고객의 연령도 낮아짐과 동시에 노년층까지 확대되고 있는 등 뷰티시장의 고객층이 다양화되고 증가되고 있다. 이에 피부관리실의 창업이 증가되고 있는 추세이다.

2) 취업

병원이나 개인 샵의 피부미용 전문 관리실, 화장품 및 피부미용 유통 관련업체 교육관리직 및 설비 기술자, 특성화 미용고등학교 교사, 뷰티 컨설턴트, 학원이나 문화센터 뷰티강사 등 뷰티관련 전문산업의 다양한 취업처가 있다.

4 피부관리사의 위생 및 조건

(1) 피부관리사의 위생

1) 복장

① 밝고 흰색계열의 복장과 신발을 선택한다.
② 복장과 신발은 청결함과 단정함을 유지한다.
③ 피부 관리를 하기에 적절한 복장과 작업하기 편한 신발을 착용한다.
④ 명찰을 착용한다.

2) 외모관리

① 단정하게 관리하고 머리카락이 흘러내리지 않도록 한다.
② 화려한 칼라의 염색이나 액세서리는 피한다.
③ 고객이 부담스러운 과한 메이크업은 피하고 자연스러운 메이크업을 한다.
④ 손톱은 짧게 자르고 네일 에나멜은 바르지 않는다.
⑤ 입에서 구취나 악취가 나지 않도록 구강청결에 신경을 쓴다.
⑥ 몸에서 냄새가 나지 않도록 하며 향수를 사용하지 않는다.
⑦ 항상 밝은 표정과 따뜻한 미소를 유지하도록 한다.
⑧ 눈은 부드럽게 웃음 짓고, 안정감, 상냥함이 느껴지게 한다.

(2) 피부관리사의 조건

1) 자세 및 태도

① 고객의 방문목적을 정확히 파악하며 경청할 수 있어야 한다.

② 피부 관리 방법, 절차 등을 전문적으로 설명할 수 있어야 한다.

③ 등이나 허리가 굽어 있지 않게 바른 자세를 유지하며 자신감 있게 상담한다.

④ 걸음걸이, 손동작, 몸동작 등에 신경을 쓰며 경어를 사용한다.

⑤ 친근감을 느낄 수 있게 하고 고객 감동을 이끌어 낼 수 있어야 한다.

2) 매너

① 예의바르고 친절하게 대하여 고객이 편안함을 느낄 수 있도록 한다.

② 전문적인 지식으로 상담하고 고객의 욕구를 파악할 수 있어야 한다.

③ 고객의 사생활이나 개인적 정보는 타 고객에게 말하지 않는다.

④ 고객의 소지품(가방, 핸드폰 등)은 잘 보관하여 둔다.

⑤ 고객의 응대 서비스(기다리는 동안 음료수 등을 권함)를 갖추고, 모든 관리가 끝날 때 현관까지 배웅한다.

⑥ 동료직원과 경어를 사용하고 서로 칭찬과 조언을 한다.

⑦ 관리사의 개인적인 기분은 드러내지 않도록 한다.

3) 전문적 지식

① 피부학, 생리학, 화장품학, 기기학, 피부 관리 용어 등 전문적인 지식을 갖춘다.

② 피부 관리 효과와 방법을 알고 상담을 할 수 있어야 한다.

③ 기술 습득에 항상 노력하고, 고객에게 가장 적합한 피부 관리 방안을 제시할 수 있어야 한다.

④ 홈 케어 방법을 고객에게 제시하고 설명할 수 있어야 한다.

5 피부 관리를 위한 환경조건 및 위생

(1) 피부 관리실의 환경조건

1) 쾌적하고 청결한 분위기를 만든다.
2) 피부 관리를 위한 도구를 소독 후 사용하도록 한다.
3) 환기와 배수가 잘 되게 한다.
4) 냉·난방시설이 되어 있어야 한다.
5) 작업실의 조명이 75룩스 이상의 밝기를 유지하여야 한다.
6) 베드 밑, 선반, 실내바닥 등을 자주 청소하여 먼지가 없게 한다.
7) 음료 데스크의 위생관리를 한다.
8) 방음시설이 잘 되어 있어 고객이 편안히 관리받을 수 있게 한다.
9) 냉 · 온수의 사용이 편리해야 하고 화장실의 접근성이 좋아야 한다.
10) 고객베드, 고객가운 등 피부 관리를 위한 고객의 복장을 청결하게 관리한다.
11) 관리실에서 고객이 편안히 관리를 받을 수 있도록 음악과 향을 준비한다.
12) 고객이 대기할 수 있게 편안한 의자 등을 준비한다.
13) 면허증, 위생교육증서, 수료증 등을 잘 정돈하여 벽면에 걸어둔다.
14) 정리된 분위기를 유지하고 바로 작업할 수 있게 미리 준비한다.

(2) 피부 관리실의 위생

1) 웨건 준비

화장품의 유통기간, 잔여량, 청결상태 등을 수시로 확인한다. 또한, 고객의 관리프로그램에 맞는 화장품과 소품을 동선과 작업에 맞게 미리 준비해두고 위생적으로 사용한다.

① 피부 관리에 필요한 화장품 및 소모품을 미리 준비한다.
② 관리 프로그램에 맞게 피부 관리할 수 있게 동선 고려하여 준비한다.
③ 위생적이고 안전하게 사용할 수 있게 준비한다.
④ 화장품의 위생, 유효기간, 적정량 체크한다.
⑤ 사용한 소모품과 사용하지 않은 소모품 구분할 수 있게 한다.
⑥ 타이머를 사용하여 팩이나 마스크 등의 도포시간을 체크할 수 있으나 소리가 나지 않도록 한다.

2) 베드준비

피부 관리에 사용되는 침대의 종류에는 얼굴관리용, 경락관리용, 전신관리용, 발 관리용 등 다양하게 있다. 고객의 관리내용에 맞는 베드를 정해 위생적이고 효율적으로 베드를 준비해 둔다.

① 청결하고 위생적으로 보이는 흰색 베드 보를 씌운다.

② 고객의 어깨와 머리가 닿는 베드 부분에 새 타월을 깐다.

③ 고객의 터번은 새 것으로 준비한다.

④ 고객이 덮을 얇은 이불이나 타월 등을 준비한다.

⑤ 고객이 덮은 이불을 보호하기 위해 데콜테 부위에 타월을 덮어둔다.

⑥ 전기장판 등을 사용하여 고객이 따뜻하게 관리받을 수 있게 한다.

⑦ 오일을 사용하는 전신관리 시에는 베드보 위에 비닐이나 여분의 천을 깐다.

⑧ 피부관리사 손의 물기를 닦을 수 있는 타월을 미리 준비한다.

[그림] 베드 준비상태

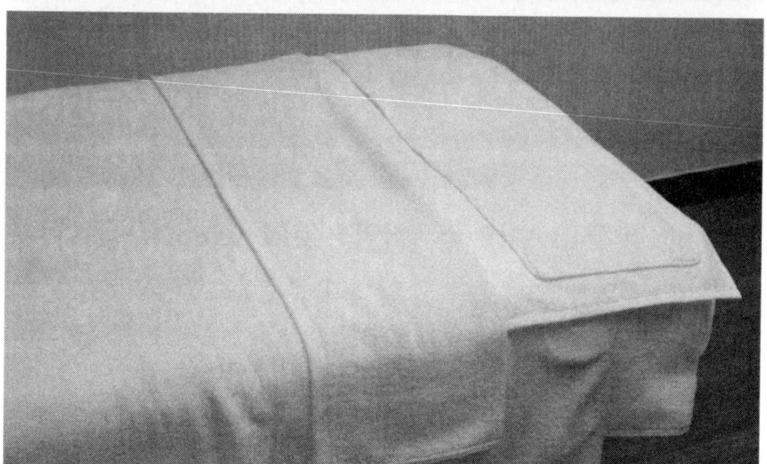

3) 주변정리

① 관리에 필요한 물품 외 다른 물건들은 잘 정리하여 지저분하지 않게 주변을 관리한다.

② 관리를 위해 벗어놓은 고객의 가운이나 신발 등은 가지런히 정돈해 둔다.

③ 베드 밑, 진열장 위 등의 세심한 부분의 청결과 위생에 관심을 둔다.

part 2 안면 클렌징 실습

제1장 클렌징

제2장 클렌징의 순서와 동작

노력하는 당신은 아름답습니다.
구민사는 당신의 성공을 응원합니다.

1 클렌징

(1) 정의

클렌징이란 피부 표면의 노폐물, 유분(피지), 수분(땀), 환경오염(먼지), 화장품 및 메이크업 잔여물을 제거하는 것이다. 피부의 분비기능에 의한 피지, 땀, 각질과 외부로부터 먼지, 메이크업 잔여물 등이 섞여 피부 표면에 막을 형성하고 있다. 이 물질들은 시간이 지남에 따라 유리 지방산으로 변하여 피부에 트러블의 원인이 되기도 한다. 따라서 건강하고 아름다운 피부를 지키는 가장 좋은 방법은 클렌징이다.

(2) 효과

1) 피부의 생리적인 기능을 정상화하고 혈액순환 및 신진대사 원활하게 한다.

2) 피부의 피지, 땀, 메이크업 잔여물, 먼지 등을 깨끗하게 제거하여 피부를 청결하게 한다.

3) 피부의 호흡을 원활하게 하고 피부건강을 유지시켜 준다.

4) 청량감 부여 및 피부유연 효과가 있다.

(3) 주의사항

1) 피부의 천연보호막인 산성막, 피지막 등이 유지되도록 한다.

2) 신속하고 정확하게 자극적이지 않게 한다.

3) 피부 유형과 메이크업의 상태에 따라 적절한 제품을 선택 사용한다.

4) 제품이 눈, 코, 입 등에 들어가지 않도록 주의한다.

5) 일정한 속도와 리듬감을 유지하면서 클렌징 한다.

(4) 클렌저의 종류

1) 물

① 피지, 크림, 로션 등 유성 화장품은 찬물로 세정효과가 거의 없다.

② 물의 온도에 따라 피부에 미치는 효과가 다르다.

물의 온도	세정효과	피부에 미치는 영향
찬물 (10~15℃)	세정효과 거의 없음	혈관 및 모공 수축 피부탄력, 긴장감 부여
미지근한 물 (15~21℃)	가벼운 세정효과 및 각질제거	안정감, 혈액순환 촉진
따뜻한 물 (21~35℃)	세정효과가 크며 각질제거 용이	혈관 확장, 혈액순환 촉진
뜨거운 물 (35℃ 이상)	세정효과가 매우 크며 각질제거 용이	혈관 및 모공 확장 피비분비 촉진, 피부탄력 저하
수증기	피부 모공 속 세정효과 및 각질제거 매우 용이	혈관 및 모공 확장, 혈액순환 촉진 피지분비 촉진, 피부탄력

2) 비누

① 계면활성제로 수성, 유성의 더러움을 제거한다.

② 일반적으로 알칼리성으로 거품이 많고 세정효과는 우수하나 산성막, 피지막을 파괴한다.

③ 피부 당기는 느낌을 주며 피부표면의 pH를 상승시킨다.

④ 상승된 pH에 의해 각질층이 느슨해진다.

3) 포인트 메이크업 리무버

① 눈과 입술 전용 클렌저로 수성 및 유성 제품이 있다.

② pH 5.5~6.5인 제품을 사용하면 눈이 따갑거나 화끈거리지 않는다.

③ 산뜻한 워터 타입, 부드러운 겔 타입, 자극이 적은 오일 타입 등이 있다.

4) 안면 클렌징 화장품

① 클렌징 폼

㉠ 워시 오프 타입으로 거품을 내어 사용한다.

㉡ 클렌징 크림 사용 후 이중세안으로 사용한다.

㉢ 크림 또는 겔 형태로 세정력이 우수하다.

㉣ 약산성으로 비누와 달리 자극 없이 건조함을 방지한다.

② 클렌징 크림

㉠ W/O 타입의 친유성 형태로 광물성 오일이 40~50% 함유되어 있다.

㉡ 유분감이 많아 이중세안이 필요하다.

㉢ 무대화장이나 진한 화장에 효과적이다.

㉣ 건성, 노화 피부에 적합하며 지성피부에는 적합하지가 않다.

③ 클렌징 로션

㉠ O/W 타입의 친수성 형태로 식물성 오일이 물에 분산된 형태이다.

㉡ 로션타입은 크림타입보다 세정력이 약하므로 가벼운 화장에 사용한다.

㉢ 사용감이 편하고 산뜻하며 자극이 적다.

㉣ 물에 잘 용해되어 이중세안을 하지 않아도 된다.

④ 클렌징 젤

㉠ 오일 성분이 함유하지 않은 오일프리 제품이다.

㉡ 물로 제거할 수 있으며 이중 세안이 필요 없는 세정력이 탁월한 제품이다.

㉢ 세정력이 좋아 메이크업 리무버로 사용이 가능하다.

㉣ 민감, 알러지, 지성, 여드름 피부에 적합하다.

⑤ 클렌징 오일

㉠ 물과 친화력이 있는 수용성 오일성분을 배합한 제품으로 물에 쉽게 용해된다.

㉡ 눈 화장, 입술 화장 제거 시 사용할 수 있다.

㉢ 건성, 수분 부족, 노화, 민감성 피부에 사용가능하다.

⑥ 클렌징 워터

㉠ 화장수에 계면활성제와 에탄올이 소량 함유된 세정용 제품이다.

㉡ 가벼운 화장을 지울 때 사용한다.

㉢ 민감성 피부에 자극 없이 사용이 가능하다.

5) 화장수

① 세안 후 남아있는 잔여물(메이크업, 클렌저 등) 닦아내는 작용한다.

② 피부에 수분공급 및 청량감 부여한다.

③ pH 밸런스 조절한다.

④ 토닉, 토너, 스킨, 프레쉬너, 아스트리젠트 등 pH 5~6이다.

2 클렌징의 순서와 동작

(1) 터번

1) 목적

클렌징 전에 고객의 머리카락을 덮어 보호하거나 흘러내리지 않도록 터번을 한다. 관리 시 제품이 묻는 것을 방지하며 스타일을 유지하되 강하게 하지 않는다. 면으로 된 타월로 신축성 있는 피부 관리 전용을 사용한다.

2) 터번 사용 시 주의사항

① 너무 조이지 않도록 한다.
② 이마 중간부터 고정하여 헤어라인으로 너무 세게 당기지 않는다.
③ 터번의 접착 부위가 피부에 닿지 않도록 한다.
④ 폭이 너무 좁거나 고무줄 타입은 고르지 않도록 하고 흰색이나 분홍색을 사용한다.
⑤ 시술 시 다시 고정하려 할 때 머리카락 정돈은 오른손에 티슈 들고 정리한다(오일 묻는 것을 방지).

3) 터번 동작 순서

① 터번 베드에 깔기 : 터번은 베드의 최상단에 오도록 한다.
② 터번 중심에 위치 : 터번은 중심과 고객의 뒷목 중심에 맞춘다.
③ 터번의 면 확인 : 터번의 왼쪽 뒷면에 접착부위(까칠까칠한 면)가 오도록 한다.
④ 접착부위 확인 : 터번의 오른쪽 앞면에 접착부위(부드러운 면)가 오도록 한다.
⑤ 터번 접착하기

왼손으로 터번의 왼쪽을 잡고 오른손은 헤어라인을 정리하면서 잘 감싸서 머리 중앙부위까지 와서 왼손으로 고정한다. 오른손으로 터번의 오른쪽을 잡고 잘 감싸서 머리 중앙부위에서 겹쳐지게 접착한다.

⑥ 귀 정리하기

귀를 터번 밖으로 빼주고, 고객이 불편하지 않도록 너무 당기지 않는다.

⑦ 강도 조절하기

터번이 각이 지지 않고 곡선이 되어서 얼굴의 라인이 자연스럽게 보이도록 한다.

터번 동작 순서			
동작이름	테크닉 그리기	동작내용	비고
① 터번 베드에 깔기	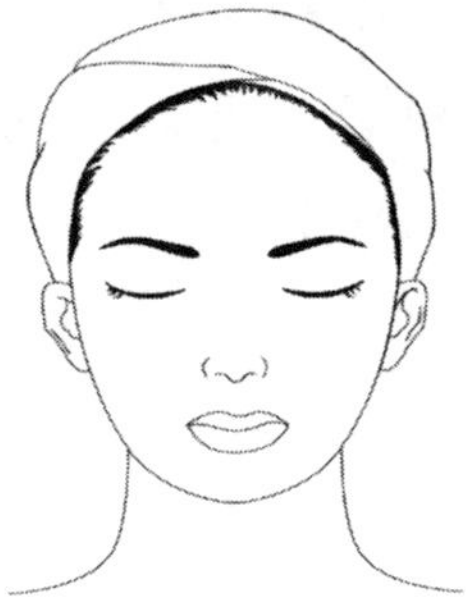		
② 터번 중심에 위치	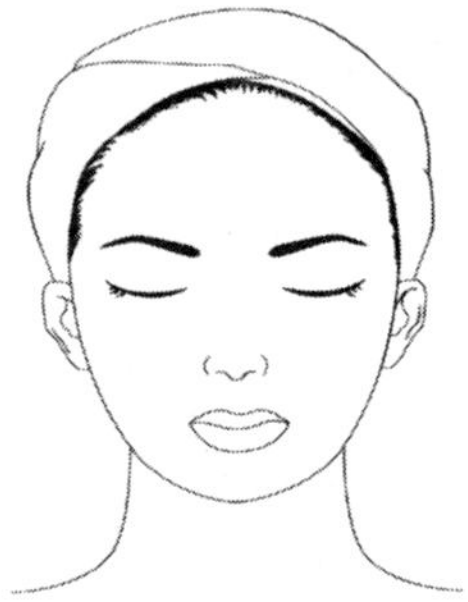		
③ 터번 면 확인	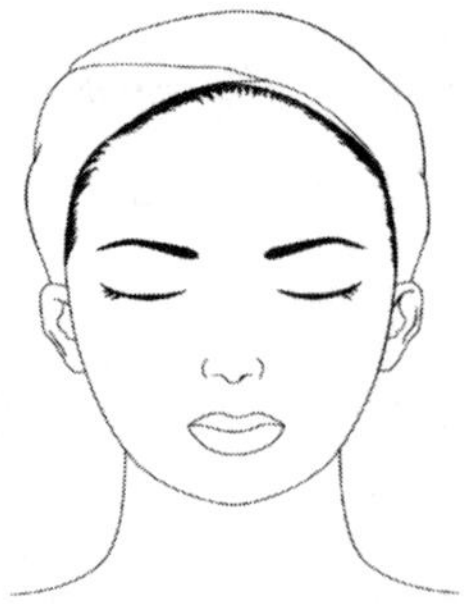		

터번 동작 순서			
동작이름	테크닉 그리기	동작내용	비고
④ 접착부위 확인	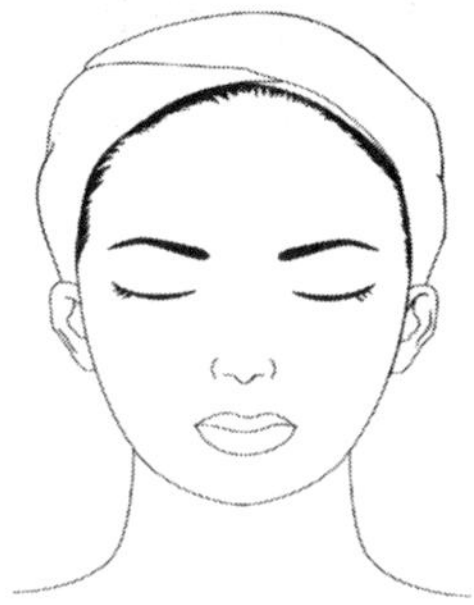		
⑤ 터번 접착하기	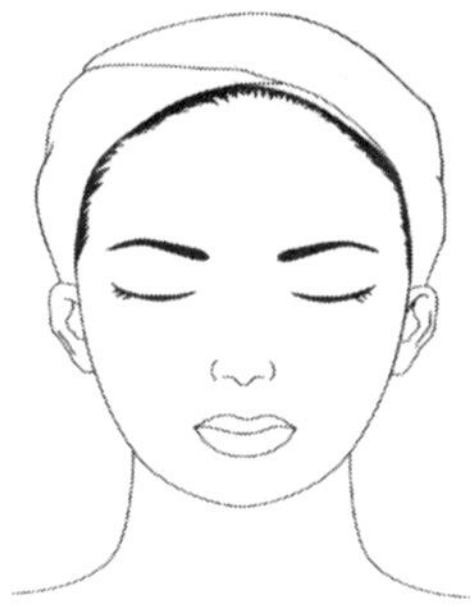		
⑥ 귀 정리하기	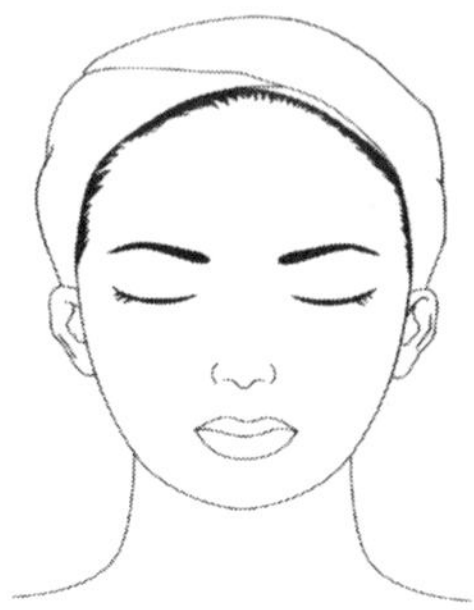		
⑦ 강도조절하기	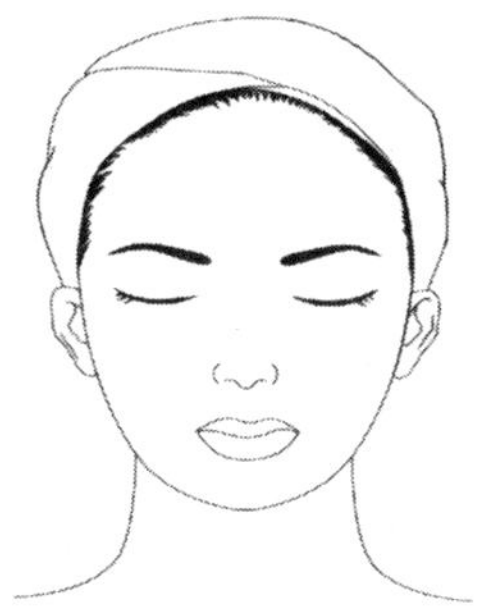		

(2) 포인트 메이크업 클렌징

1) 포인트 메이크업 클렌징

① 안면 클렌징 전에 눈 화장과 입술 화장을 제거하는 것이다.

② 눈과 입술 부위는 민감하여 포인트 메이크업 클렌징 전용제품을 사용한다.

2) 포인트 메이크업 클렌징 시 주의사항

① 제품이 눈에 들어가지 않도록 양 조절을 한다.

② 신속하고 깨끗하게 닦아낸다.

③ 얼굴 중심에서 바깥쪽 방향으로 닦아낸다.

④ 지워지지 않은 색조화장은 색소 침착을 남길 수 있다.

3) 포인트 메이크업 클렌징 동작 순서

① 손 소독하기

손에 알코올을 직접 분무하거나 화장솜에 묻혀 손 소독을 하기

② 젖은 화장솜에 리무버 묻히기

포인트 메이크업 리무버를 화장솜과 면봉에 묻히기

③ 눈, 입술에 화장솜 올리기

화장솜을 눈썹, 속눈썹이 덮이도록 올리고 입술도 올리기

④ 대기하기

양쪽 눈과 입술 위에 리무버를 묻힌 화장솜을 올려두어 1분 정도 대기하기

⑤ 눈 클렌징

중지에 화장솜을 끼워 눈 안에서 바깥방향으로 (속눈썹, 눈두덩, 눈썹) 닦기

⑥ 아이라인, 마스카라 클렌징

화장솜을 속눈썹 밑에 깔아놓고 면봉으로 굴려가며 아이라인과 마스카라를 닦기

⑦ 마스카라 닦기

속눈썹 밑에 넣어둔 화장솜을 접어 바깥방향으로 빼내며 닦기

⑧ 아이라인 면봉으로 닦기

면봉으로 눈꺼풀을 들어 눈 아래, 위를 다시 한 번 닦기(반대 눈도 ⑤부터 시행한다.)

⑨ **입술 전체 닦기**

입술에 텐션을 잡고 입술 바깥쪽에서 안쪽으로 닦기

⑩ **윗입술 닦기**

화장솜으로 윗입술을 입 꼬리에서 중앙방향으로 ↗↖으로 닦기

⑪ **아랫입술 닦기**

아랫입술은 밑에서 위쪽 방향으로 닦기

⑫ **입술 면봉으로 닦기**

한 번 더 잔여물을 확인하면서 면봉으로 깨끗이 닦기

포인트 메이크업 클렌징 동작 순서			
동작이름	테크닉 그리기	동작내용	비고
① 손 소독하기	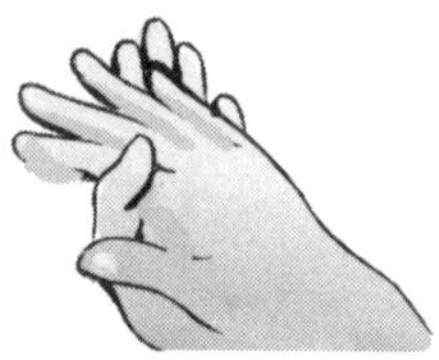		
② 젖은 화장솜에 리무버 묻히기	-		
③ 눈, 입술에 화장솜 올리기	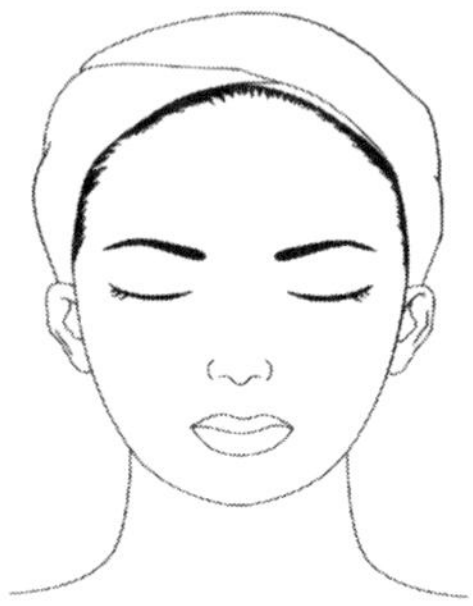		
④ 대기하기	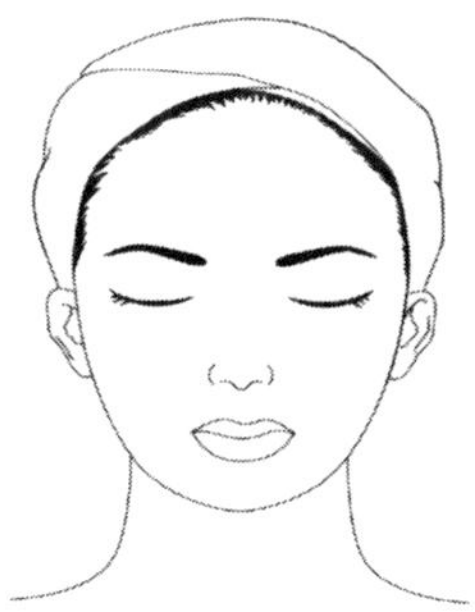		

포인트 메이크업 클렌징 동작 순서			
동작이름	테크닉 그리기	동작내용	비고
⑤ 눈 클렌징	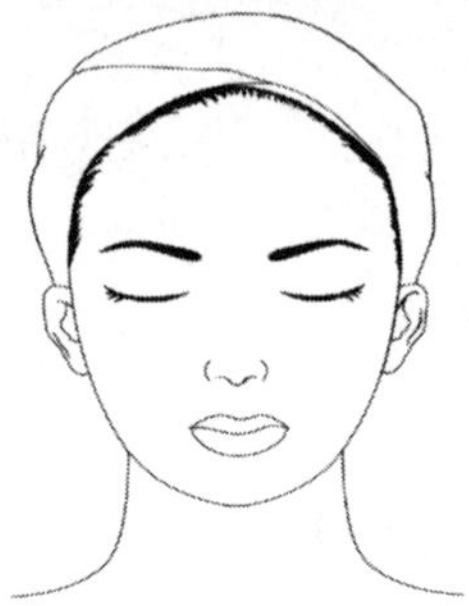		
⑥ 아이라인, 마스카라 클렌징	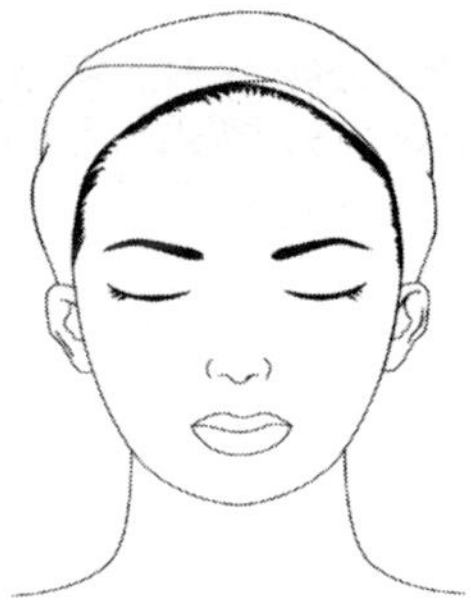		
⑦ 마스카라 닦기	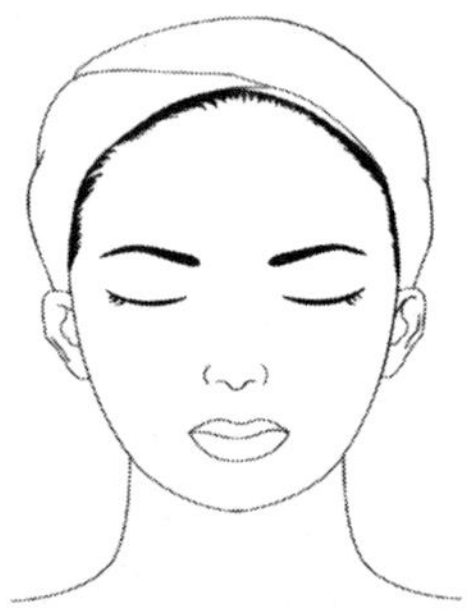		
⑧ 아이라인 면봉으로 닦기	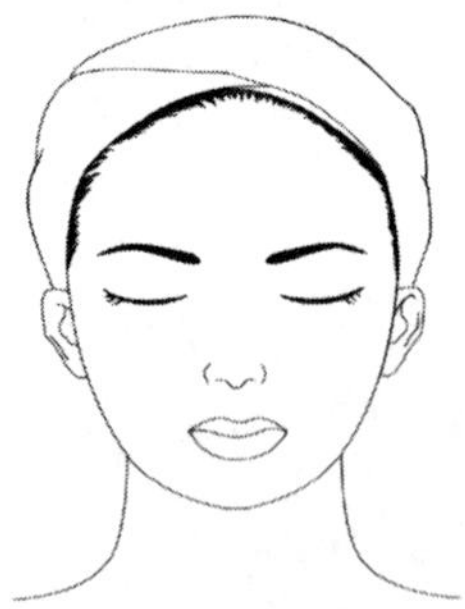		

포인트 메이크업 클렌징 동작 순서			
동작이름	테크닉 그리기	동작내용	비고
⑨ 입술 전체 닦기	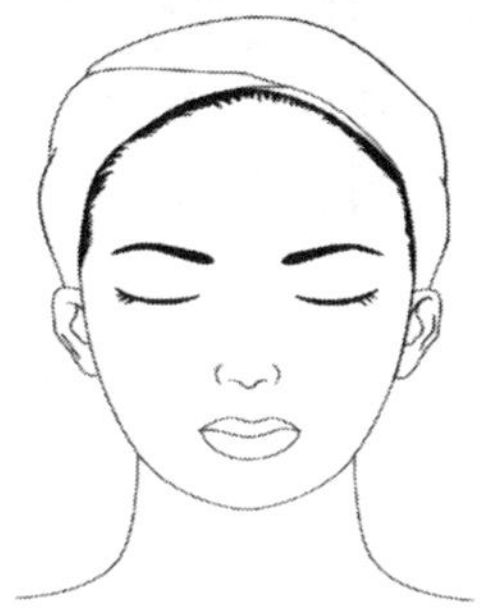		
⑩ 윗입술 닦기	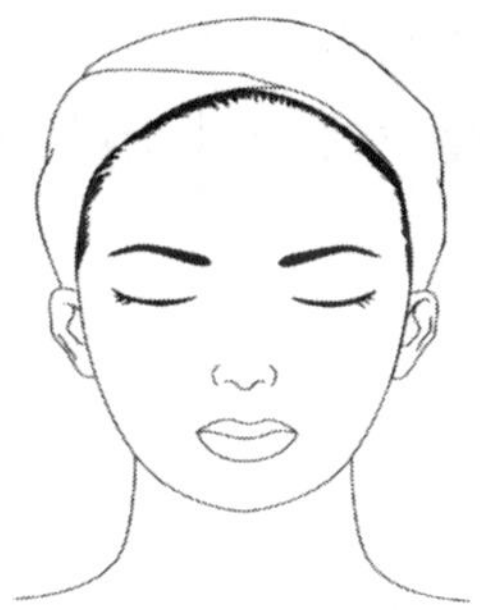		
⑪ 아랫입술 닦기	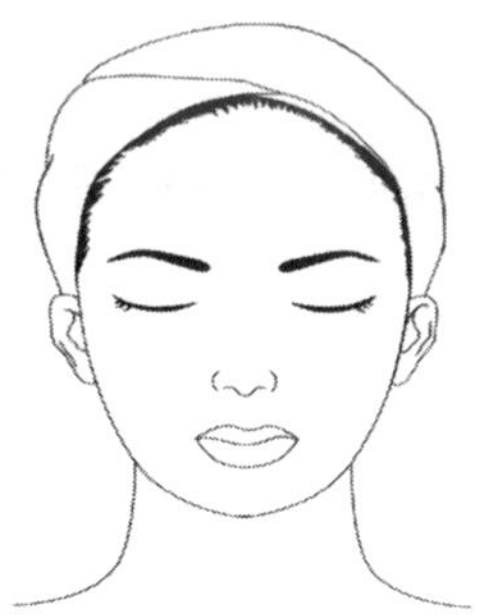		
⑫ 입술 면봉으로 닦기	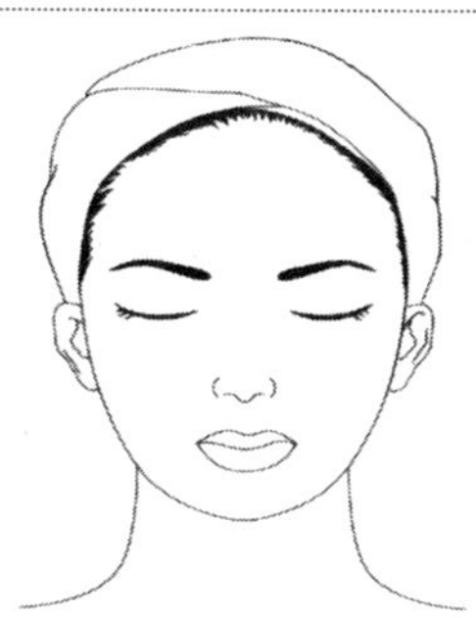		

(3) 안면 클렌징

1) 목적

피부 표면의 노폐물, 유분(피지), 수분(땀), 환경오염(먼지), 화장품 및 메이크업 잔여물을 제거한다. 클렌징 제품 도포 시 피부유형에 적합한 제품을 선택하여 신속하게 클렌징 동작을 시행한다.

2) 주의사항

① 관리사의 손이 너무 차지 않도록 한다.

② 얼굴 위에서 손바닥을 비비거나 소리 나게 하지 않는다.

③ 손등, 손가락 사이에 묻지 않게 적당한 양을 사용하여 관리부위를 골고루 도포한다.

3) 안면 클렌징 동작 순서

[안면 클렌징 도포동작]

① 손 소독하기

손을 소독한 후에 클렌저를 유리 볼에 적당량을 덜어 놓기

② 클렌저 얼굴에 올리기

손바닥에 클렌저를 조금 덜어 비벼 준 후 이마, 볼, 코, 턱, 목, 데콜테에 클렌저를 올리기

③ 데콜테 교대로 쓰다듬기

양손바닥을 번갈아 이용하여 데콜테를 가로방향으로 도포하기(4회)

④ 목을 교대로 쓸어 올리기

양손바닥을 번갈아 이용하여 목을 가로방향으로 도포하기(4회)

⑤ 턱 교대로 쓰다듬기

양손바닥을 번갈아 이용하여 턱에서 귀 방향으로 도포하기(4회)

⑥ 볼 원 그리기

양손바닥을 동시에 이용하여 볼은 원을 그리듯이 도포하기(4회)

⑦ 콧등 쓰다듬기

양손가락을 번갈아 이용하여 코를 쓸어 올리듯이 도포하기(4회)

⑧ 이마 교대로 쓰다듬기

양손바닥을 번갈아 이용하여 이마를 가로방향으로 도포하기(4회)

⑨ 입, 코, 눈 주위 문지르기

얼굴 옆선타고 내려와 입 주위, 코 주위, 눈 주위를 문지르기(4회)

⑩ 도포 마무리하기

이마, 관자놀이 지나서 턱 감싸며 귀에서 마무리 한다.(1회)

안면 클렌징 도포동작 순서			
동작이름	테크닉 그리기	동작내용	비고
① 손 소독하기	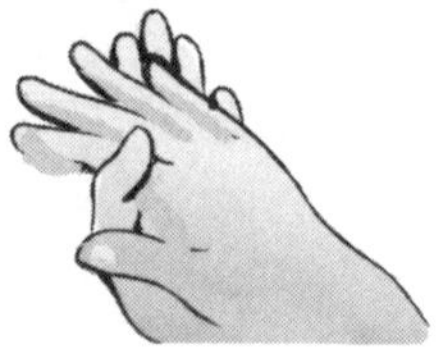		
② 클렌저 얼굴에 올리기	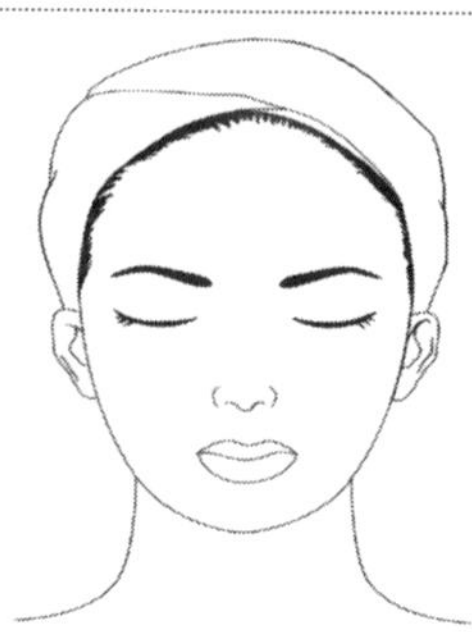		
③ 데콜테 교대로 쓰다듬기	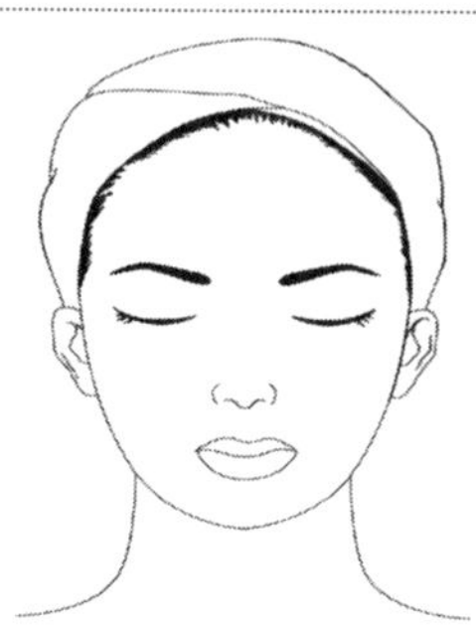		
④ 목을 교대로 쓸어 올리기	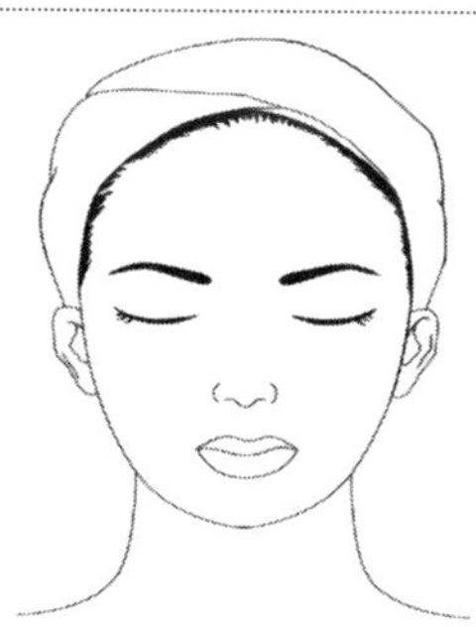		

안면 클렌징 도포동작 순서			
동작이름	테크닉 그리기	동작내용	비고
⑤ 턱 교대로 쓰다듬기	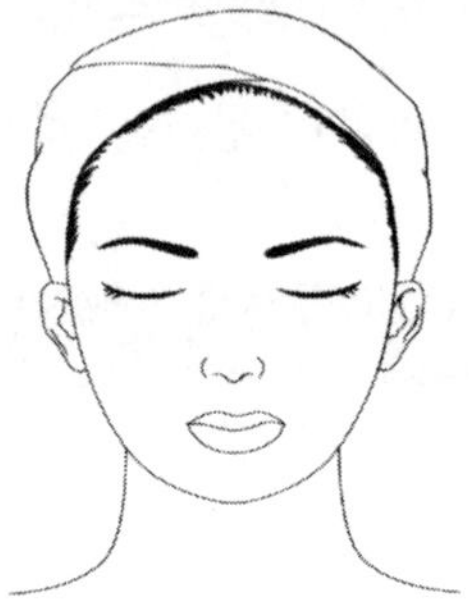		
⑥ 볼 원 그리기	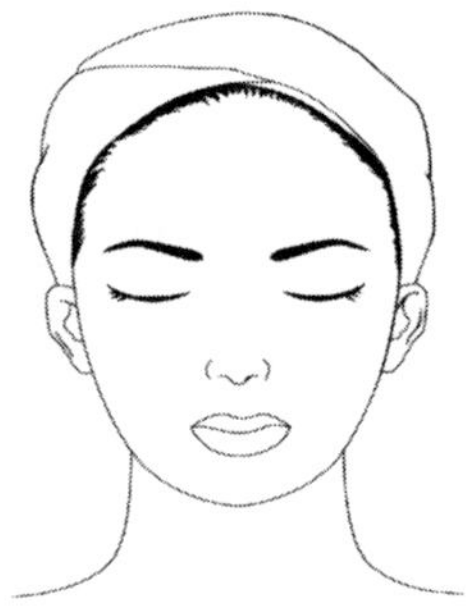		
⑦ 콧등 쓰다듬기	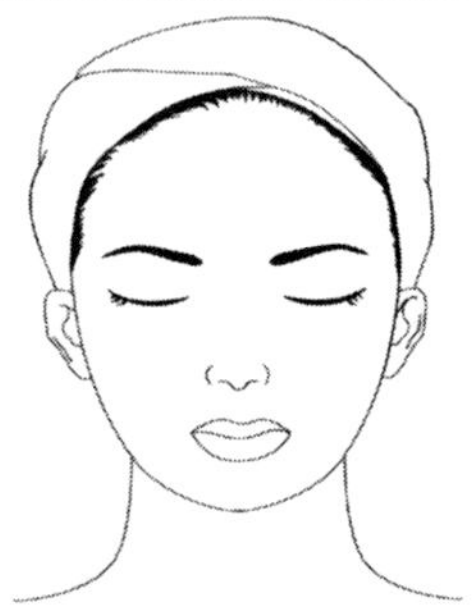		
⑧ 이마 교대로 쓰다듬기	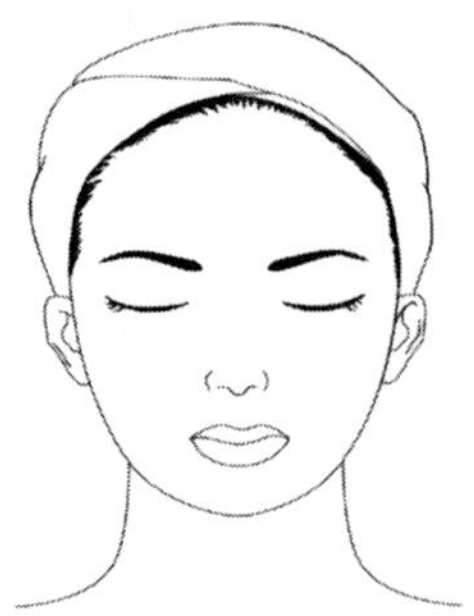		

안면 클렌징 도포동작 순서			
동작이름	테크닉 그리기	동작내용	비고
⑨ 입, 코, 눈 주위 문지르기	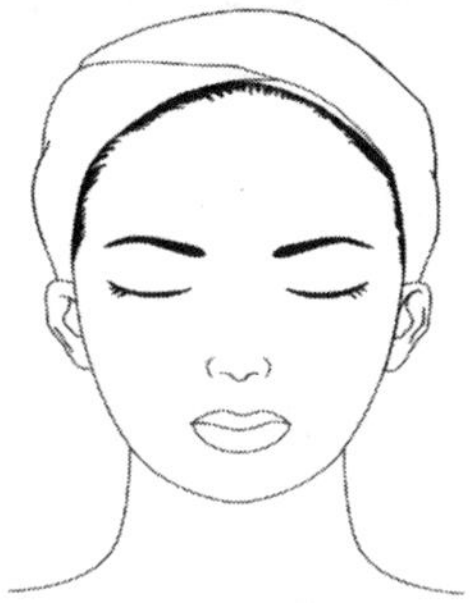		
⑩ 도포 마무리하기	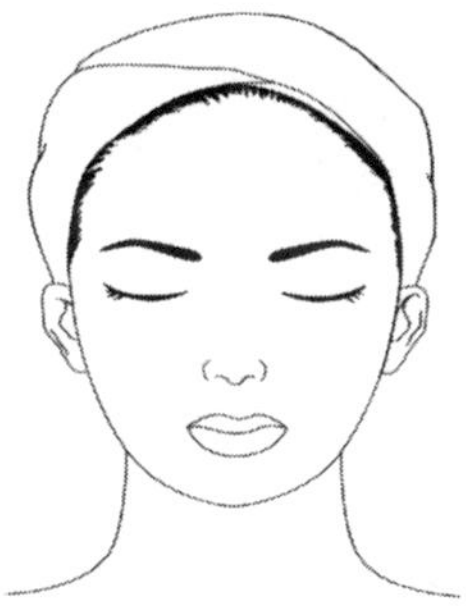		

[안면 클렌징 동작](안면 도포 동작 후 연결해서 테크닉을 시행한다)

① 양손을 교대로 쓰다듬기
양손 교대로 데콜테 쓰다듬기

② 동시에 나선형 문지르기
양손 동시에 가슴 중앙에서 액와 부위로 나선형 문지르기

③ 연결하기
양손 동시에 가슴 중앙에서 쇄골, 어깨, 목, 귀밑으로 연결하기

④ 목 세로방향 쓰다듬기
오른쪽에서 왼쪽으로 다시 중앙까지 세로방향 쓰다듬기

⑤ 목 3등분 나선형 문지르기
양손 동시에 목 3등분하여 나선형으로 문지르기

⑥ 턱선 문지르기
2, 3지를 턱에 끼우고, 턱에서 귀 방향으로 번갈아 쓸어 올리기

⑦ 볼 3등분 나선형 문지르기
양손 3, 4지로 볼 3등분(턱- 귀밑, 입 꼬리- 귀 중앙, 코 옆 - 관자) 나선형 문지르기

⑧ 이마 쓰다듬기
양손 교대로 가로방향으로 쓰다듬기

⑨ 이마 3등분 나선형 문지르기
이마 중앙에서 관자방향으로 3등분하여 쓸어주기

⑩ 입 주위 반원 그리기
2, 3, 4지는 턱선에 고정 후 양 엄지로 입 주위 반원 그리며 문지르기

⑪ 코 문지르기
양손 중지로 콧망울, 코 벽, 콧등을 쓰다듬고 둥글게 문지르기

⑫ 눈 주위 문지르기
엄지를 이마에 고정 후 3, 4지로 눈 주위를 둥글게 문지르기

⑬ 연결하기
관자놀이에서 턱 방향으로 가볍게 쓸어 내려주기

⑭ 마무리
턱 중앙 깍지 낀 후, 귀밑으로 양손을 가볍게 빼주면서 마무리하기

안면 클렌징 동작 순서			
동작이름	테크닉 그리기	동작내용	비고
① 양손을 교대로 쓰다듬기	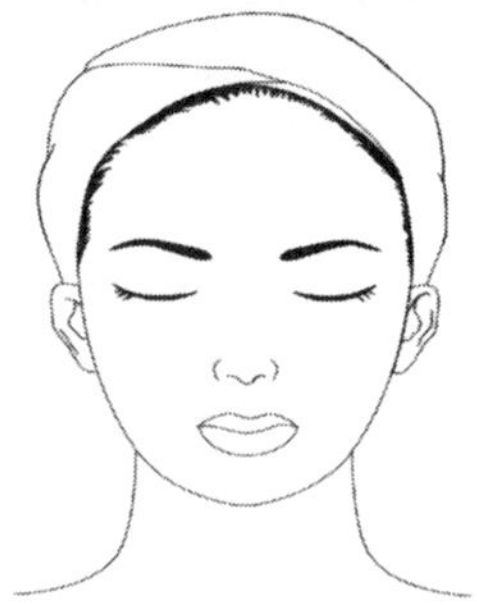		
② 동시에 나선형 문지르기	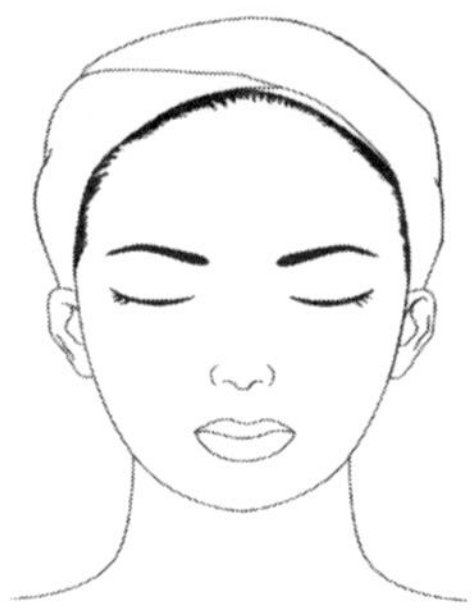		
③ 연결하기	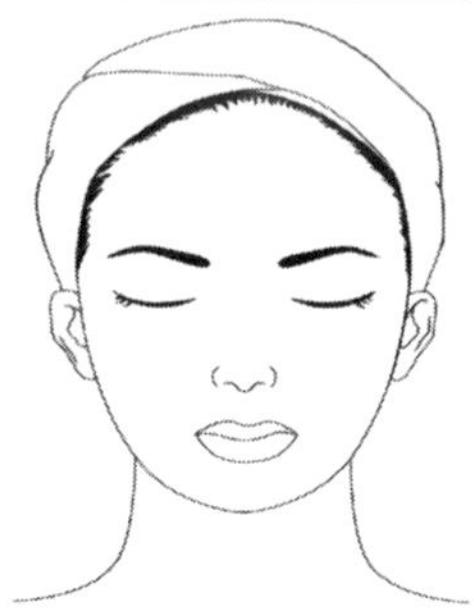		
④ 목 세로방향 쓰다듬기			

안면 클렌징 동작 순서			
동작이름	테크닉 그리기	동작내용	비고
⑤ 목 3등분 나선형 문지르기	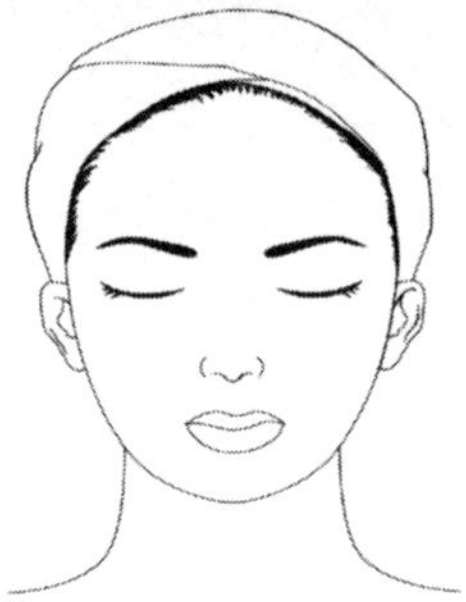		
⑥ 턱선 문지르기	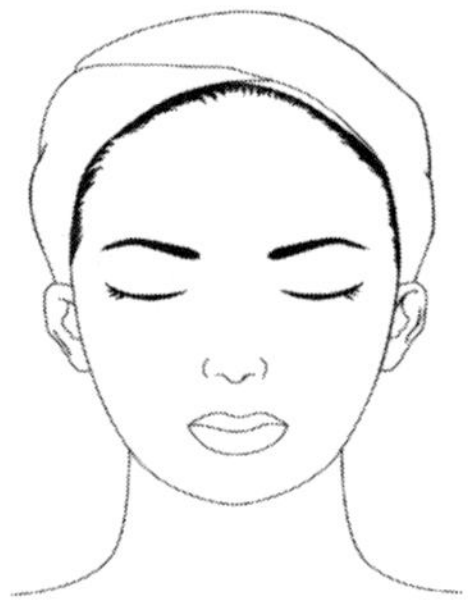		
⑦ 볼 3등분 나선형 문지르기	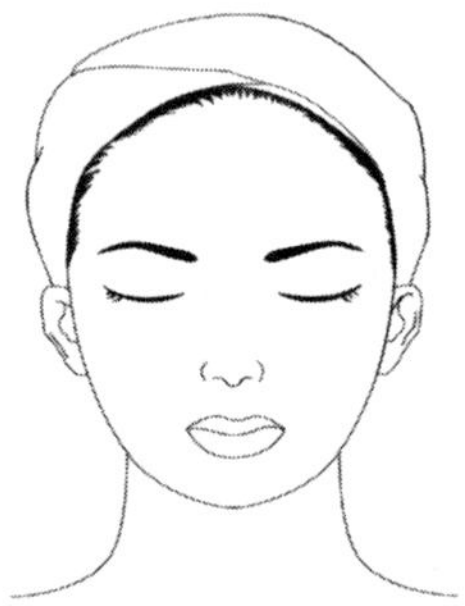		
⑧ 이마 쓰다듬기	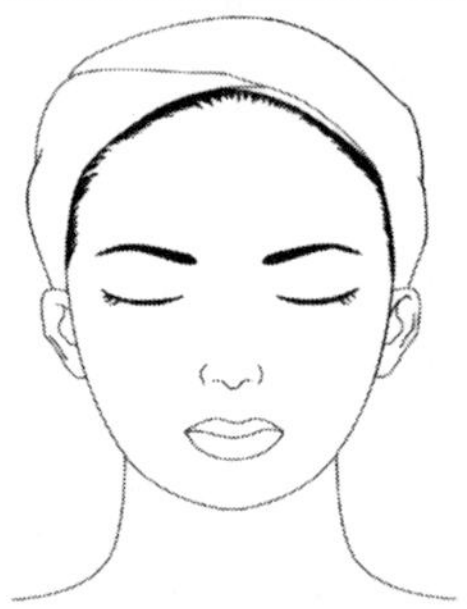		

안면 클렌징 동작 순서			
동작이름	테크닉 그리기	동작내용	비고
⑨ 이마 3등분 나선형 문지르기	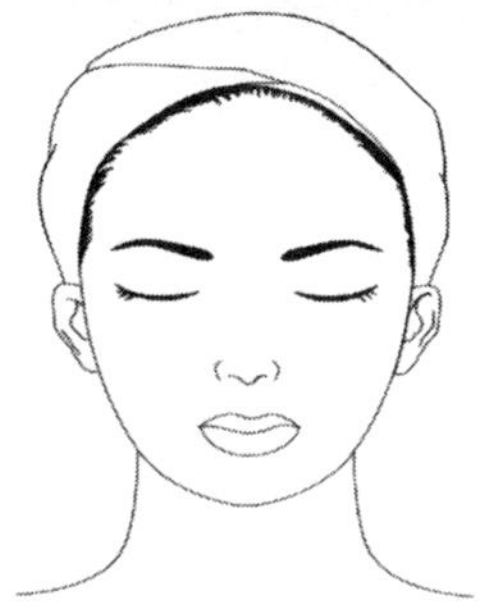		
⑩ 입 주위 반원 그리기	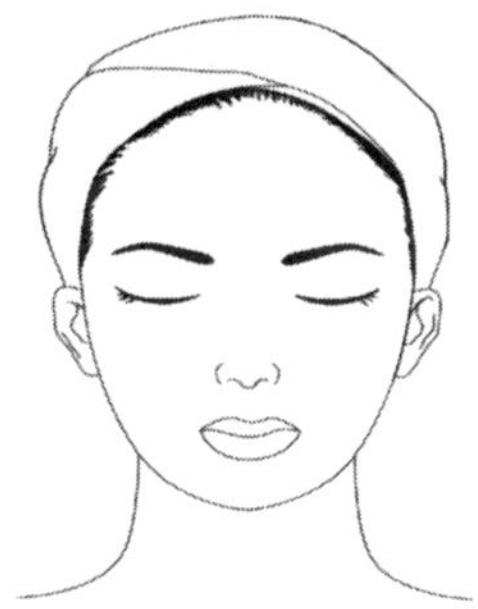		
⑪ 코 문지르기	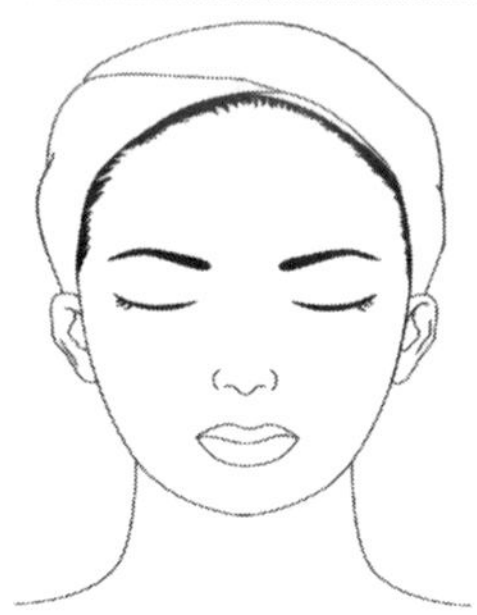		
⑫ 눈 주위 문지르기	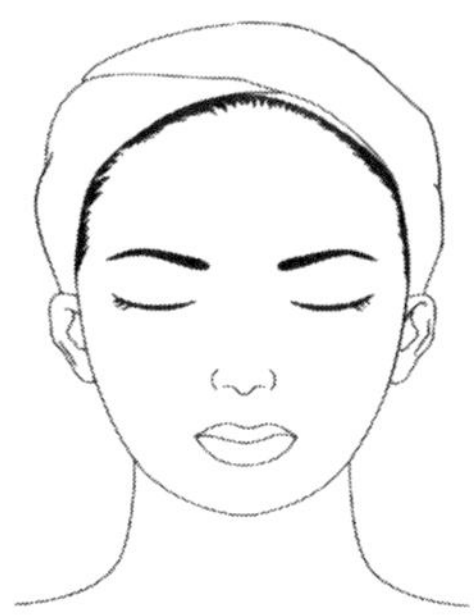		

안면 클렌징 동작 순서			
동작이름	테크닉 그리기	동작내용	비고
⑬ 연결하기	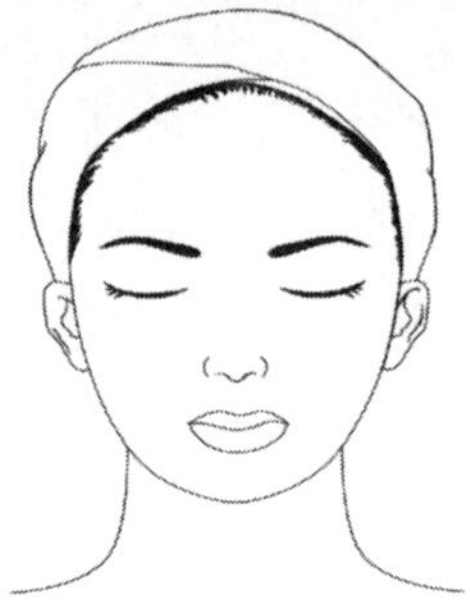		
⑭ 마무리	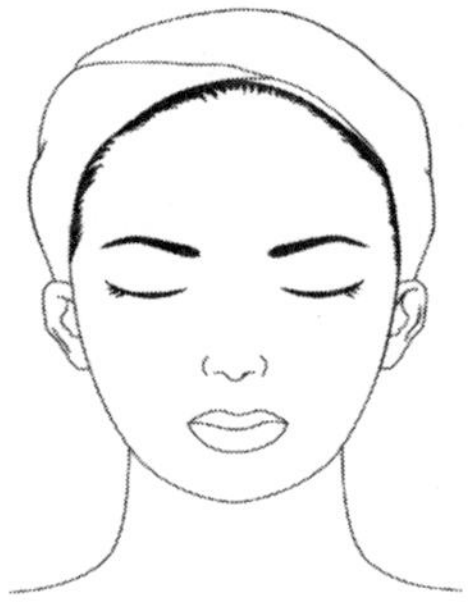		

(4) 티슈

1) 목적

① 먼저 손에 묻어있는 클렌징이나 마사지 후 잔여물을 닦아준다.

② 모델 얼굴의 클렌징이나 마사지 후 잔여물을 가볍게 눌러 제거하여 다음 단계의 과정을 용이하게 해 준다.

2) 주의사항

① 티슈로 밀어내거나 강하게 쓸어주지 않는다.

② 먼지가 많거나 재활용 티슈를 사용하지 않고 미용 티슈만을 사용한다.

3) 티슈 접는 방법

[그림] **티슈 접는 방법**

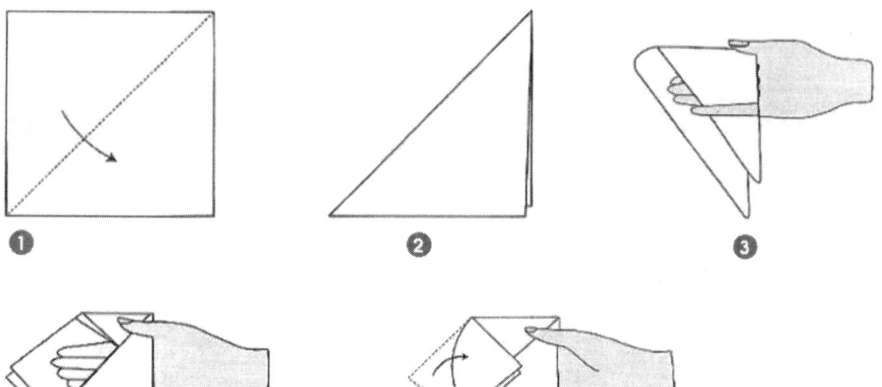

4) 티슈 동작 순서

① 얼굴 윗부분 유분기 제거

대각선 방향으로 티슈를 삼각형 모양으로 접어 코를 중심(꼭지점이 이마방향)으로 이마 쪽 유분기를 가볍게 눌러 닦기

② 얼굴 아랫부분 유분기 제거

한손은 티슈를 고정하고 다른 한손으로 티슈를 돌려 내려서 (티슈의 깨끗한 면) 코 아랫부분을 가볍게 눌러 닦기

③ 턱, 목 부위 유분기 제거

티슈를 접으면서 턱과 목 부위를 가볍게 닦기

④ 데콜테 유분기 제거

새로운 티슈를 준비하여 데콜테를 양쪽으로 나누어 가볍게 눌러 닦기

⑤ 손가락 티슈로 유분기 제거

새로운 티슈로 손가락에 낀 후(눈 앞, 눈 꼬리, 코 옆, 입 꼬리, 헤어라인) 꼼꼼히 눌러 닦기

티슈 동작 순서			
동작이름	테크닉 그리기	동작내용	비고
① 얼굴 윗부분 유분기 제거	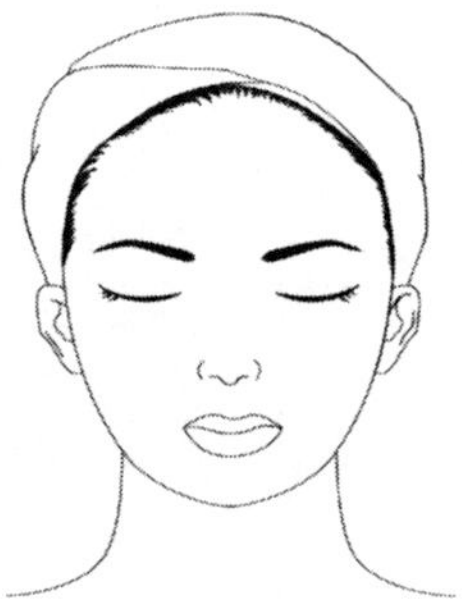		
② 얼굴 아랫부분 유분기 제거	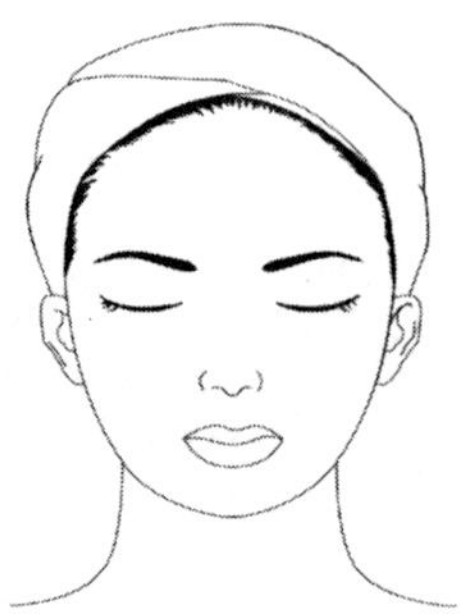		

티슈 동작 순서			
동작이름	테크닉 그리기	동작내용	비고
③ 턱, 목 부위 유분기 제거	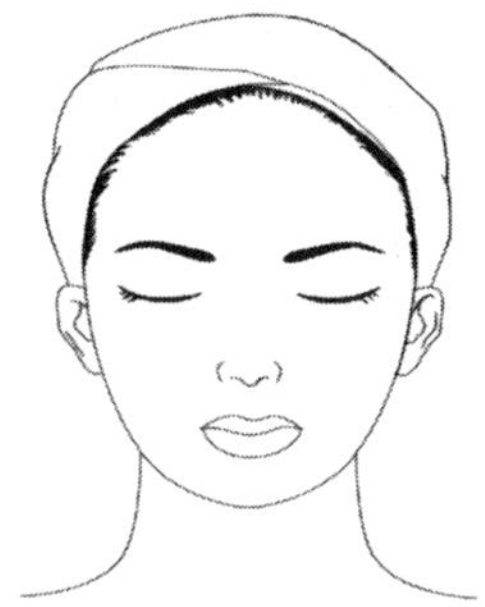		
④ 데콜테 유분기 제거	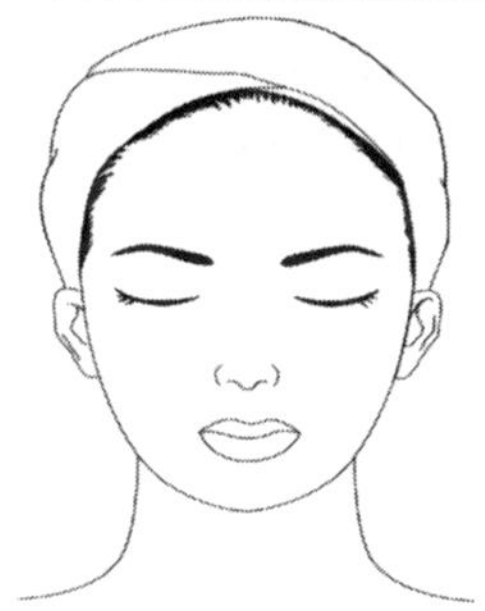		
⑤ 손가락 티슈로 유분기 제거	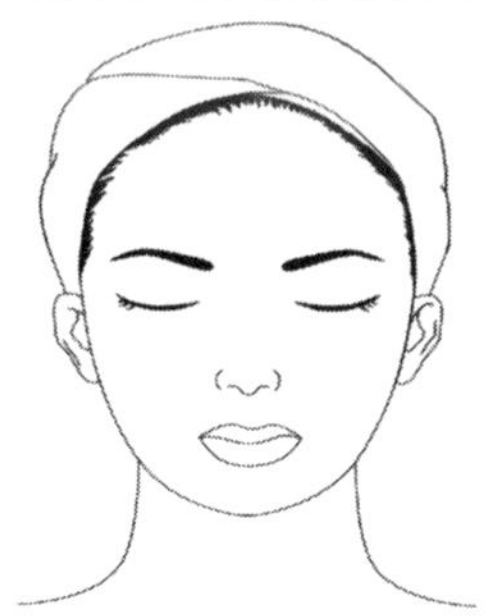		

(5) 해면

1) 목적

① 클렌징 잔여물과 마사지 유분기나 팩 후 남아있는 잔여물을 자극 없이 효과적으로 닦아준다.

② 민감한 피부나 여드름 피부 관리 시 해면 대신 1회용 화장솜을 사용하는 것이 효과적이다.

2) 주의사항

① 사용 시 해면을 미리 물에 담가 해면을 부드럽게 하여 사용한다.

② 물이 많으면 부드럽긴 하지만 물이 흘러내릴 수 있다.

③ 물이 적으면 빽빽하여 피부에 자극적이다.

④ 근육 결을 숙지하여 자극적이지 않고 근육의 결 방향대로 부드럽게 닦아낸다.

⑤ 피부 표면에서는 압력을 조절할 수 있도록 한다.

⑥ 사용 후 중성세제로 씻어 자외선 소독기에서 앞/뒤로 20분씩 소독한다.

⑦ 햇볕에 말리거나 통풍이 잘 되는 서늘한 곳에 보관한다.

3) 해면 잡는 법

[그림] **해면 잡는 법**

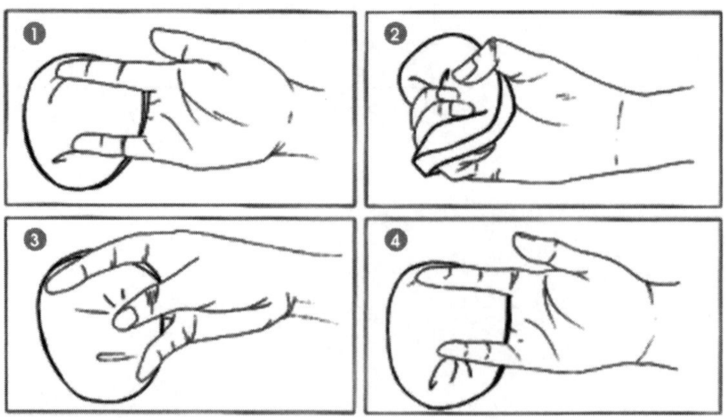

4) 해면 동작 순서

① 눈 3등분 닦아주기

눈 아래, 눈두덩, 눈썹 3등분으로 나누어 안에서 바깥쪽으로 닦기

② 이마 3등분 닦아주기

이마 부위를 3등분하여 안에서 바깥쪽으로 닦기

③ 볼 3등분 닦아주기

볼 부위를 3등분(코 옆 – 관자놀이, 입 꼬리 – 귀 중앙, 턱– 귀밑)하여 안에서 바깥쪽으로 닦기

④ 콧등, 코 벽 닦아주기

㉠ 미간에서 콧등을 아래 방향으로 번갈아 닦기

㉡ 코 벽을 아래 방향으로 한 손씩 닦기

⑤ 코 벽, 인중 닦아주기

㉠ 왼손으로 오른쪽 코 벽을 닦고 콧망울, 인중을 지나면서 닦기

㉡ 오른손으로 왼쪽 코 벽을 닦고 콧망울, 인중을 지나면서 닦기

⑥ 입 주위 닦아주기

입술 위, 입 꼬리, 입술 아래 부위를 안에서 바깥으로 닦기

⑦ 턱선, 턱 밑 닦아주기

턱선, 턱 밑을 중앙에서 귀 방향으로 연결해서 닦기

⑧ 목 가로방향 닦아주기

양손을 교대로 목을 가로방향으로 닦기

⑨ 목 세로방향 닦아주기

양손을 교대로 목을 세로방향으로 닦기

⑩ 데콜테 교대로 닦아주기

㉠ 오른손으로 왼쪽 데콜테에서 오른쪽 방향으로 닦기

㉡ 왼손으로 오른쪽 데콜테에서 왼쪽 방향으로 닦기

⑪ 마무리

어깨부위, 승모근, 목 뒤를 지나서 귀밑에서 마무리하기

해면 동작 순서			
동작이름	테크닉 그리기	동작내용	비고
① 눈 3등분 닦아주기	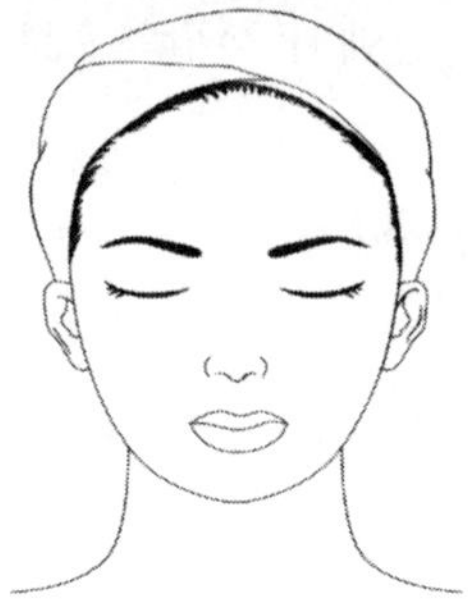		
② 이마 3등분 닦아주기	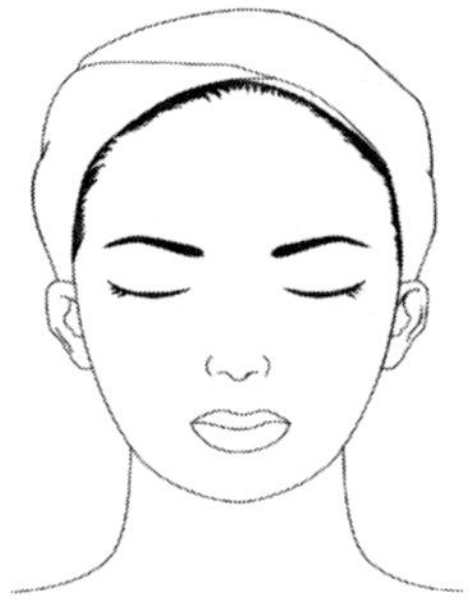		
③ 볼 3등분 닦아주기	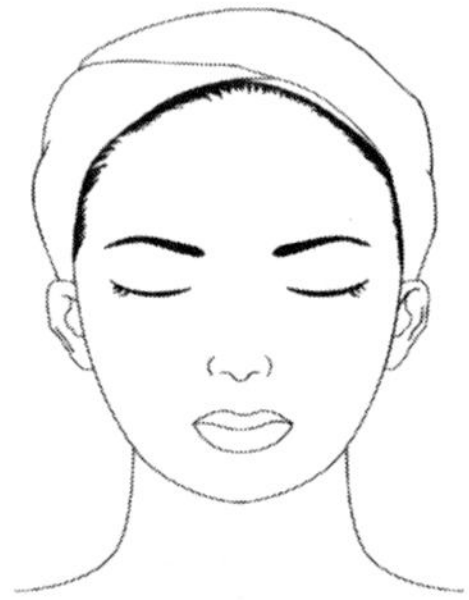		
④ 콧등, 코 벽 닦아주기	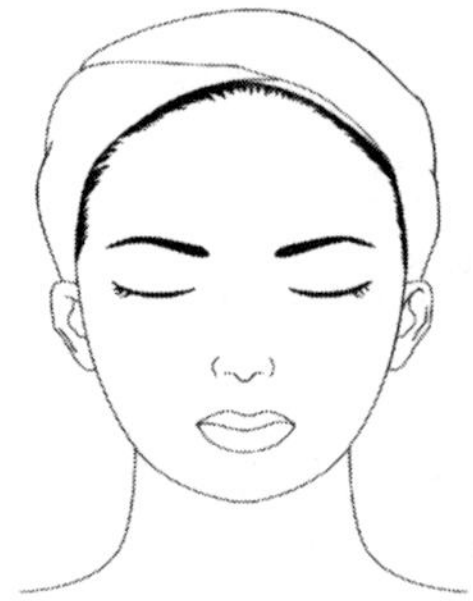		

해면 동작 순서			
동작이름	테크닉 그리기	동작내용	비고
⑤ 코 벽, 인중 닦아 주기	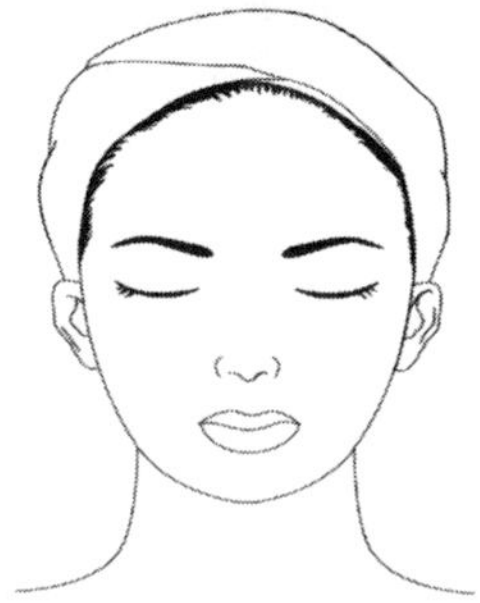		
⑥ 입 주위 닦아주기	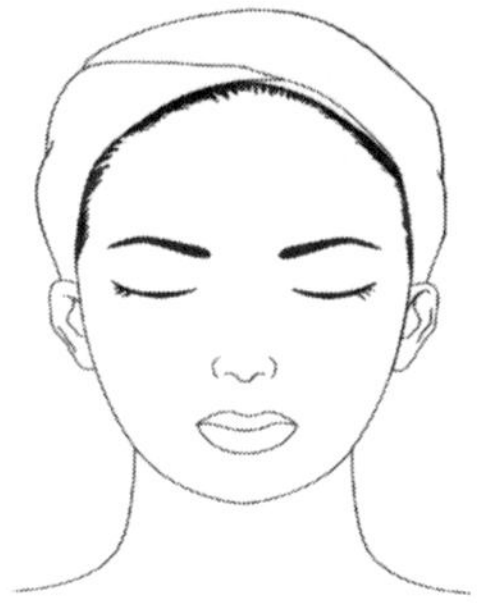		
⑦ 턱선, 턱 밑 닦아주기	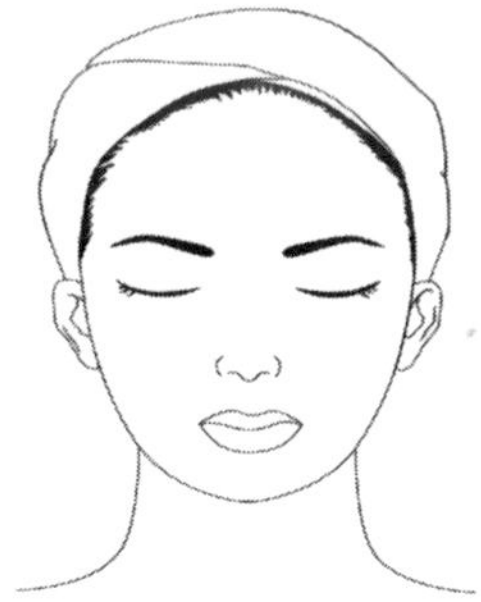		
⑧ 목 가로방향 닦아주기	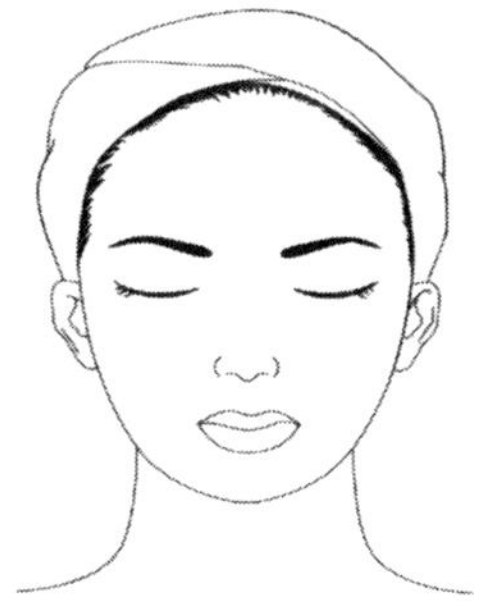		

해면 동작 순서			
동작이름	테크닉 그리기	동작내용	비고
⑨ 목 세로방향 닦아주기	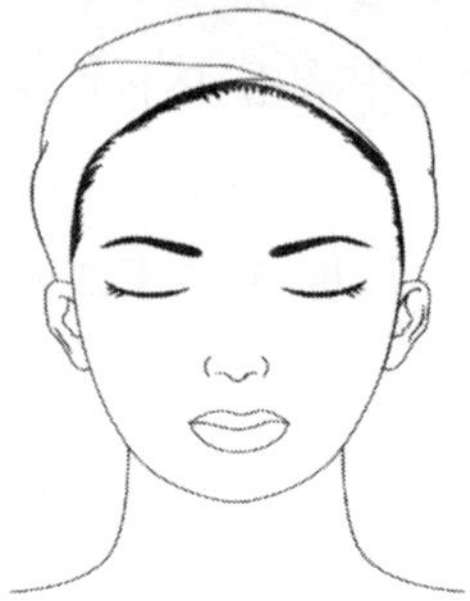		
⑩ 데콜테 교대로 닦아주기	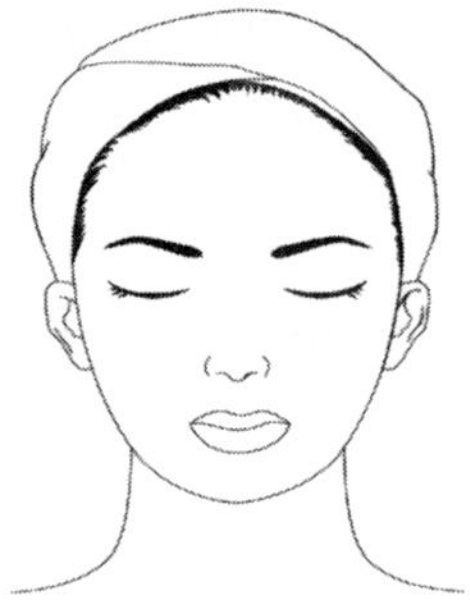		
⑪ 마무리	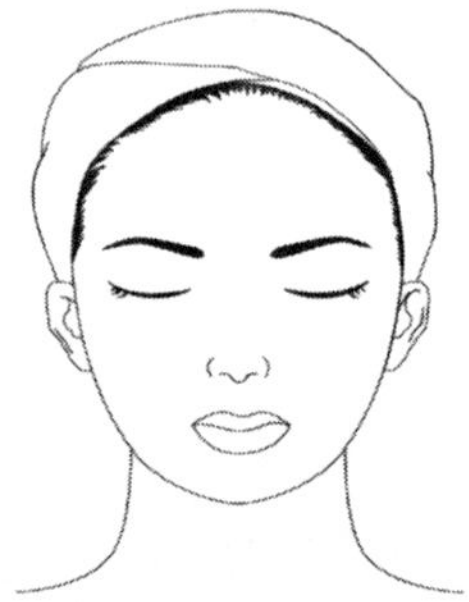		

(6) 습포

1) 온습포

① 목적

㉠ 높은 온도의 수증기를 이용하여 따뜻해진 습포로 모공을 열어 노폐물 제거 및 지방 성분을 제거하여 피부를 부드럽게 한다.

㉡ 온습포로 고객이 편안함과 깨끗함을 느낄 수 있으며, 적절한 수분을 공급한다.

㉢ 클렌징, 딥클렌징, 마사지, 팩 적용 후 사용할 수 있다.

② 주의사항

㉠ 온습포의 경우 온도를 관리사 손목 안쪽에서 체크한 후 사용한다.

㉡ "따뜻합니다"라고 말하고 시행한다.

㉢ 습포가 식기 전에 신속히 시행한다.

㉣ 타월을 소독된 것을 사용하고, 여드름균 등의 세균에 감염되지 않도록 한다.

㉤ 필링 후, 제모 후, 민감 피부, 모세혈관 확장피부는 피하는 것이 좋다.

③ 효과

면포 등의 불순물 제거, 각질제거, 피지선 자극, 혈액순환, 수분공급

2) 냉습포

① 목적

㉠ 냉기를 이용하여 피부를 진정, 탄력, 혈관 수축 및 수렴의 목적으로 사용한다.

㉡ 필링(A.H.A) 후, 팩 제거 후, 제모 후, 피부 관리 마무리 단계에서 시행한다.

② 주의사항

㉠ 너무 차가운 냉습포를 사용하지 않는다.

㉡ "시원합니다"라고 말하고 시행한다.

㉢ 민감 피부, 모세혈관 확장 피부는 지나치게 차가운 것을 피한다.

③ 효과

혈관 및 모공 수축, 피부 진정, 탄력감 부여

3) 습포 사용 시 지압점

[그림] 습포 사용 시 안면과 두부의 지압점

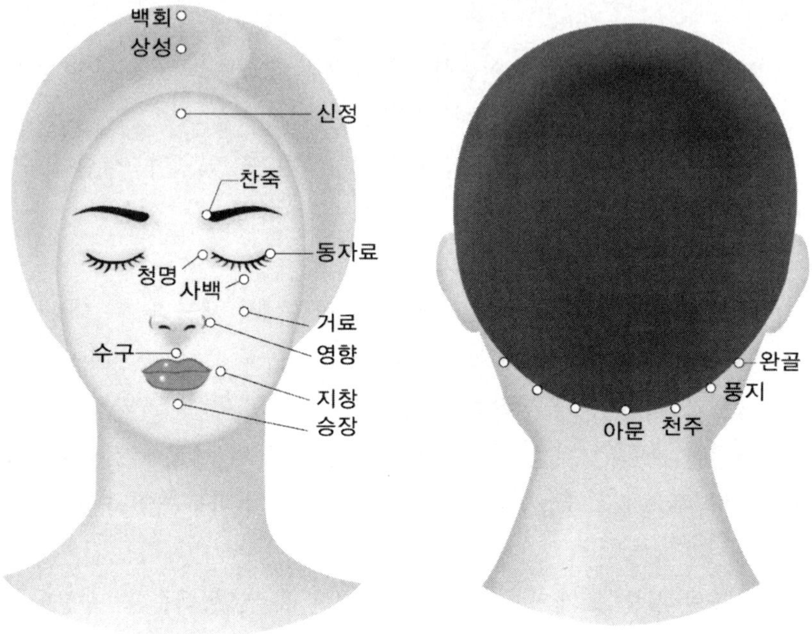

4) 습포 접는 법

[그림] 습포 접는 법

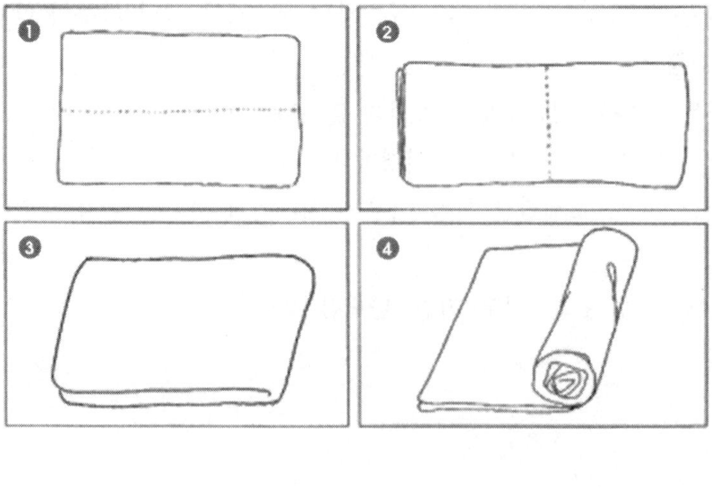

5) 습포 동작순서

① 습포 온도 체크하기

관리사의 손목 안쪽에 온습포를 살짝 대어 온도를 확인하기

② 습포 얼굴에 올리기

온습포를 코 아래 부분에 놓은 후 코를 중심으로 삼각형으로 접어서(코 구멍을 막지 않고)이마에서 겹치게 올리기

③ 습포 밀착하기

손바닥으로 얼굴 전체를 가볍게 밀착시켜준 후 눈, 이마, 볼, 턱을 지긋이 양손바닥으로 눌러주기

④ 습포 손으로 잡기

온습포 펴서 턱 밑 위치에서 손을 넣기

⑤ 눈 부위 닦아주기

엄지를 이용하여 눈(눈 밑, 눈두덩, 눈썹) 부위를 안에서 바깥쪽으로 자극 없이 닦기

⑥ 이마 3등분 닦아주기

이마를 모지 측을 이용하여 중심에서 3등분하여 안에서 바깥쪽으로 닦기

⑦ 코, 입 닦아주기

콧등, 코 벽, 콧망울을 아래방향으로 닦아준 후 인중, 입술 아래 부위를 닦기

⑧ 볼 3등분 닦아주기

온습포의 면을 바꿔 볼 부위를 3등분하여 안에서 바깥쪽으로 닦기

⑨ 턱선, 턱밑 닦아주기

턱선과 턱밑을 닦아주며 귀볼까지 닦기

⑩ 목 세로방향 닦아주기

양손으로 동시에 목을 세로방향으로 닦기

⑪ 데콜테 닦아주기

데콜테를 가로방향으로 닦아주며 옆으로 습포를 빼기

*** 온습포를 뒤집어 세로방향으로 반 접어 사용

⑫ 습포 한손으로 잡기

오른손 손바닥 위에 온습포를 올려놓고 왼손으로 오른손 손등의 온습포를 감싸 잡아 오른손을 돌려 잡기(다리미 모양)

⑬ 오른쪽 목, 데콜테 닦아주기

모델의 오른쪽 목과 데콜테를 중앙에서 바깥방향으로 닦기

⑭ 습포 다른 한손으로 잡기

⑩을 반대로 습포를 잡기(다리미 모양)

⑮ 왼쪽 목, 데콜테 닦아주기

모델의 왼쪽 목과 데콜테를 중앙에서 바깥방향으로 닦기

⑯ 정리하기

온습포를 가지런히 접어 웨건 3단에 놓기

습포 동작순서			
동작이름	테크닉 그리기	동작내용	비고
① 습포 온도 체크하기	-		
② 습포 얼굴에 올리기	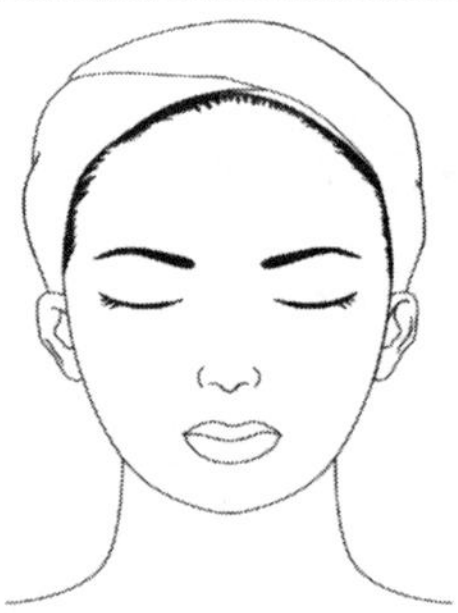		
③ 습포 밀착하기	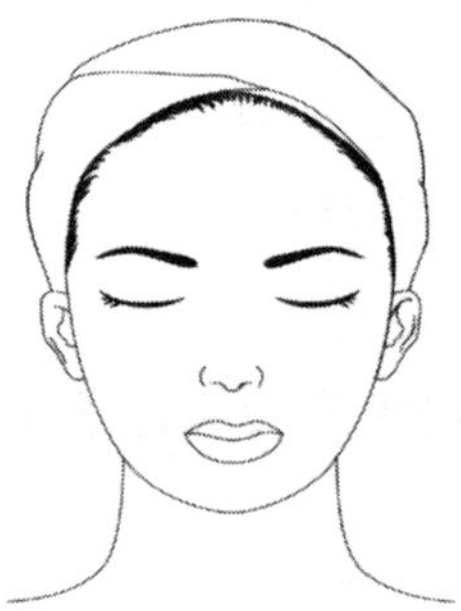		

습포 동작순서			
동작이름	테크닉 그리기	동작내용	비고
④ 습포 손으로 잡기	-		
⑤ 눈 부위 닦아주기	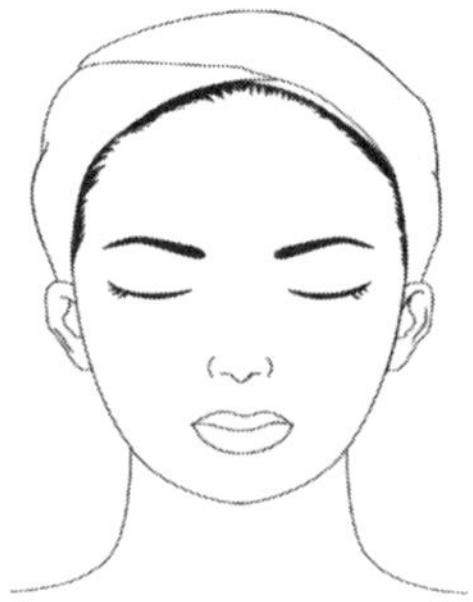		
⑥ 이마 3등분 닦아주기	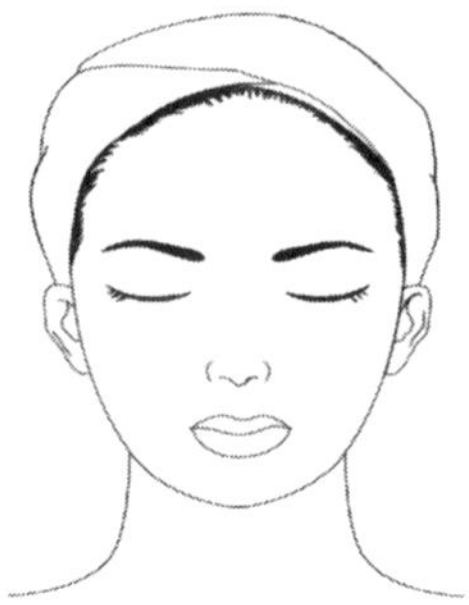		
⑦ 코, 입 닦아주기	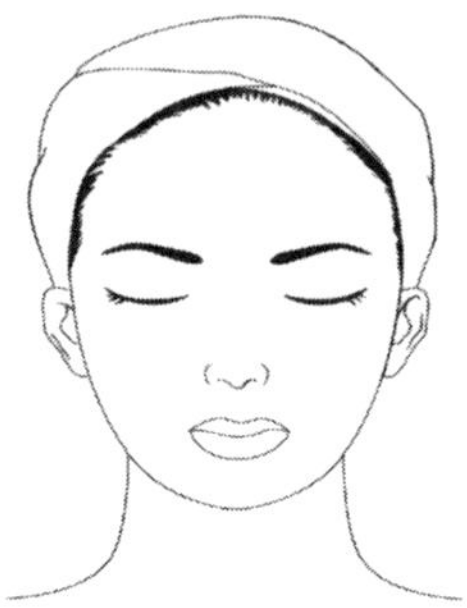		
⑧ 볼 3등분 닦아주기	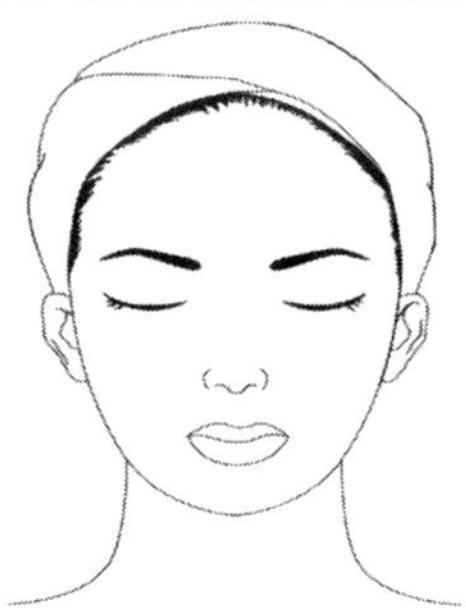		

습포 동작순서			
동작이름	테크닉 그리기	동작내용	비고
⑨ 턱선, 턱밑 닦아주기	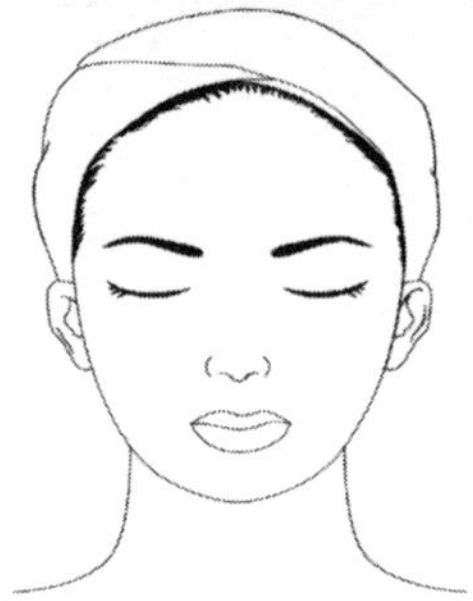		
⑩ 목 세로방향 닦아주기	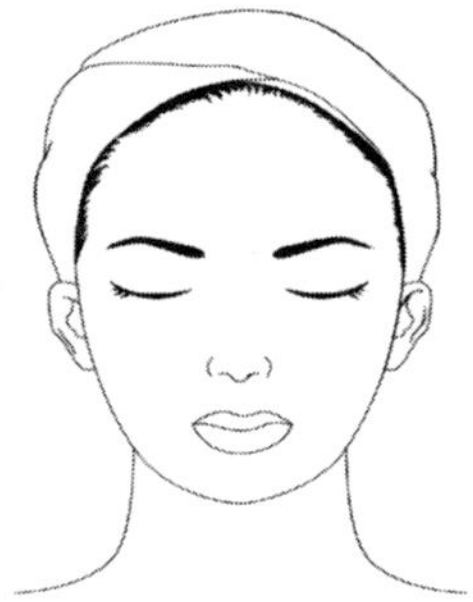		
⑪ 데콜테 닦아주기	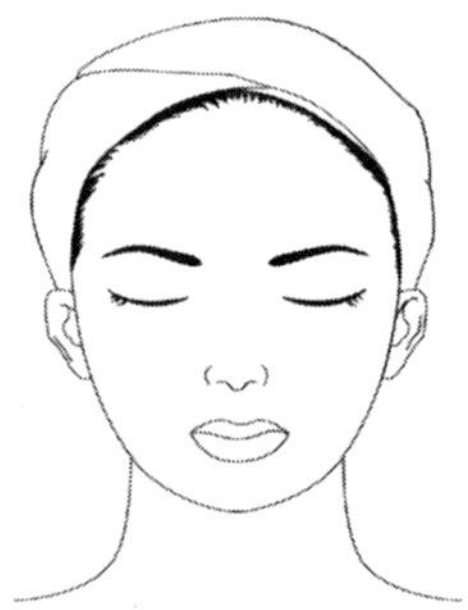		
⑫ 습포 한손으로 잡기	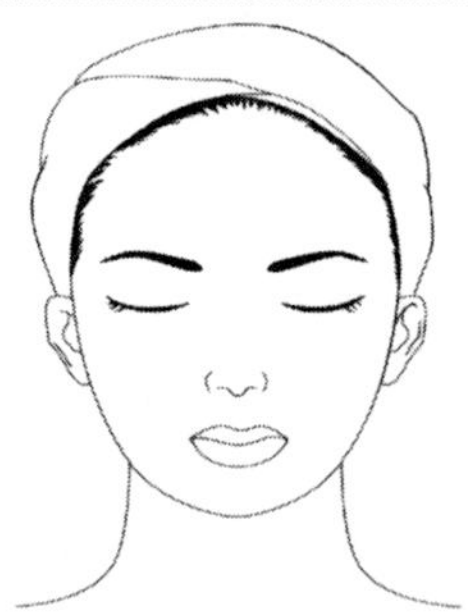		

습포 동작순서			
동작이름	테크닉 그리기	동작내용	비고
⑬ 오른쪽 목, 데콜테 닦아주기	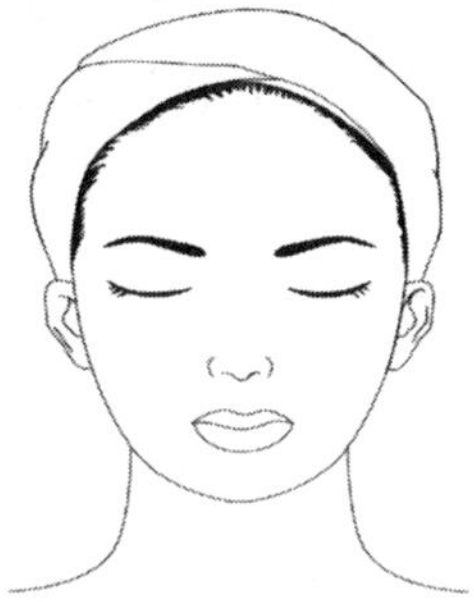		
⑭ 습포 다른 한손으로 잡기	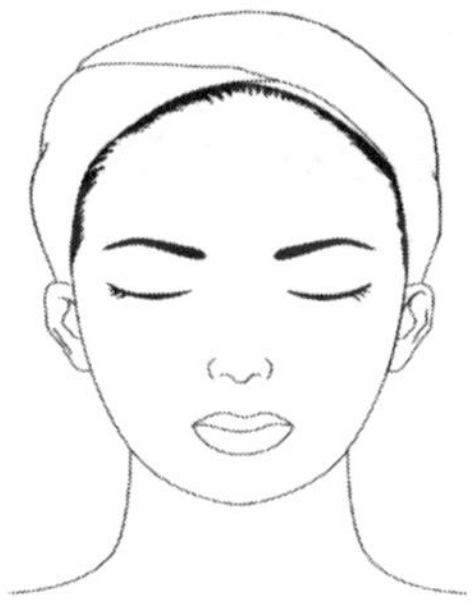		
⑮ 왼쪽 목, 데콜테 닦아주기	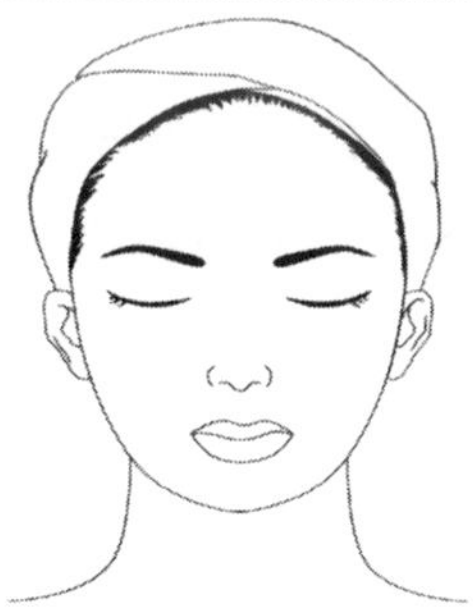		
⑯ 정리하기	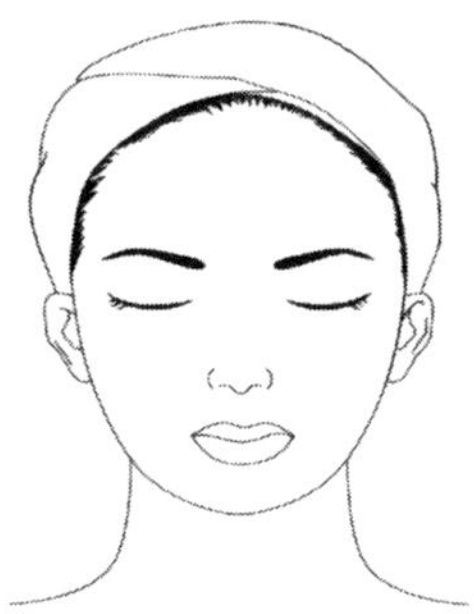		

(7) 화장수

1) 목적

① 피부 산성도를 균형(pH 밸런스)을 위해 화장솜에 화장수(pH5.3~5.5)를 적신 후 바른다.

② 세안 후 남아있는 메이크업 잔여물 제거한다.

2) 주의사항

① 부드러운 면 소재 화장솜을 사용하고 두껍거나 얇지 않도록 두께를 조절한다.

② 사용 목적에 따라 화장솜의 크기를 조절한다.

③ 미리 물에 적신 후 물기를 짜서 사용 시 흘러내리지 않도록 한다.

④ 피부 결을 따라 사용하고, 클렌징 단계 시 닦아내듯 하고, 영양단계 시 두드리듯이 한다.

⑤ 젖은 화장솜은 오랜 시간 방치하면 오염될 수 있으므로 사용할 만큼만 준비한다.

3) 효과

성분으로는 정제수, 알코올, 아로마, 보습제, 유연제, 약초 추출물, 영양물질 등을 함유하고 있어 보습, 유연, 살균, 소독, 진정, 청량감 등의 효과가 있다.

4) 화장수 분류

종류	기능
유연화장수	• 유분과 수분을 보충 • 촉촉하고 유연효과 • 건성, 노화 피부 사용
수렴화장수	• 모공 수축, 피부결 정리 • 신선, 청량감 부여 • 지성, 정상, 복합성 피부 사용 • 여름철 모든 피부 사용
소염화장수	• 모공 수축, 살균소독 • 피부청결, 신선, 청량감 부여 • 지성, 여드름, 복합성 피부 사용 • T－존 부위와 염증이 생긴 피부

5) 화장솜 잡는 법

[그림] 화장솜 잡는 법

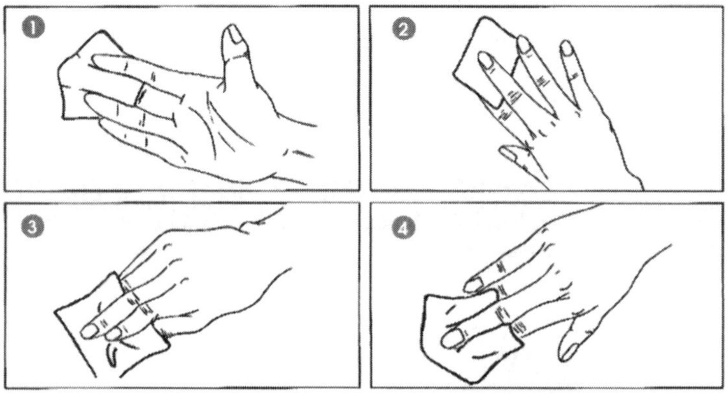

6) 화장수 동작 순서

① 손 소독하기

손을 소독한다.

② 이마 세로방향 바르기

화장솜을 오른손 중지에 끼우고 왼손은 이마 옆에 고정 후 오른손으로 이마부위를 세로방향(눈썹 위 – 헤어라인)으로 바르기

③ 눈 원 그리듯 바르기

오른쪽 눈 주위(눈 밑 돌아 눈두덩)를 안쪽에서 바깥쪽으로 원을 그리듯 바르기

④ 볼 3등분 바르기

오른쪽 볼 3등분(코 옆 – 관자, 입 꼬리 – 귀 중앙, 턱 – 귀밑)하여 안에서 바깥방향으로 바르기

⑤ 입 주위 바르기

오른쪽 귀밑에서 턱선 따라 인중을 돌아 왼쪽 귀밑까지 바르기

⑥ 볼 3등분 바르기

왼쪽 볼 3등분(턱 – 귀밑, 입 꼬리 – 귀 중앙, 코 옆 – 관자)하여 안에서 바깥방향으로 바르기

⑦ 눈 원 그리듯 바르기

왼쪽 눈 주위(눈 밑 돌아 눈두덩)를 안쪽에서 바깥쪽으로 원을 그리듯 바르기

⑧ 코 바르기

코 벽, 콧등, 코 벽 바르기

⑨ 턱밑, 목 세로 방향 바르기

턱밑 바르기, 목 부위 세로 방향(쇄골에서 턱선) 바르기

⑩ 데콜테 바르기, 두드리기

화장수 동작 순서			
동작이름	테크닉 그리기	동작내용	비고
① 손 소독하기	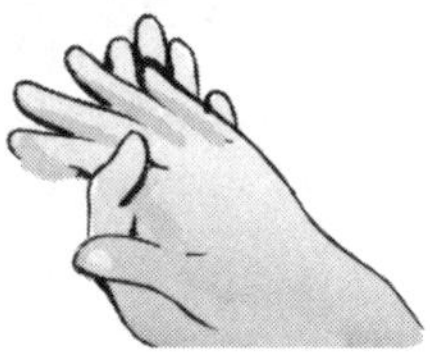		
② 이마 세로 방향 바르기	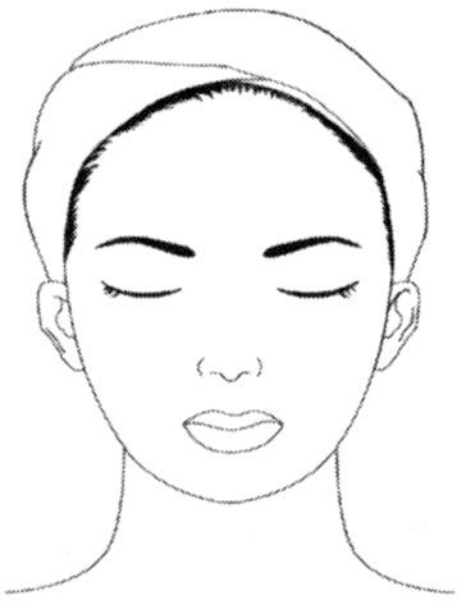		
③ 눈 원 그리듯 바르기	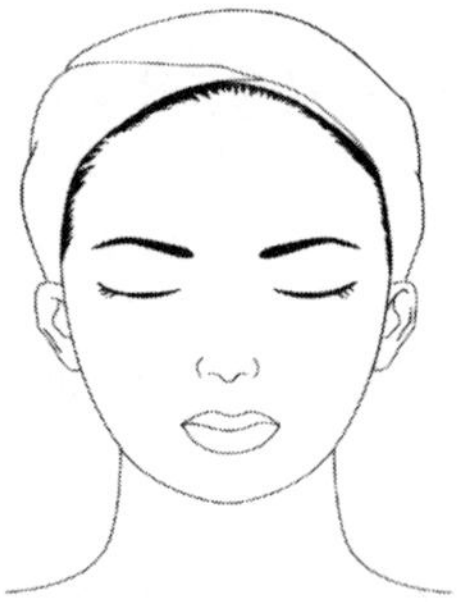		

화장수 동작 순서

동작이름	테크닉 그리기	동작내용	비고
④ 볼 3등분 바르기	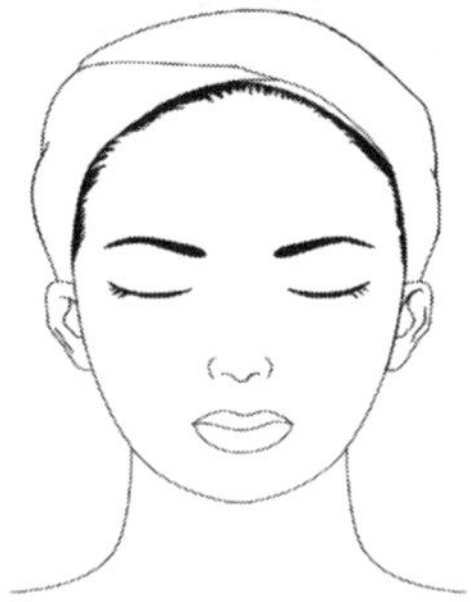		
⑤ 입 주위 바르기	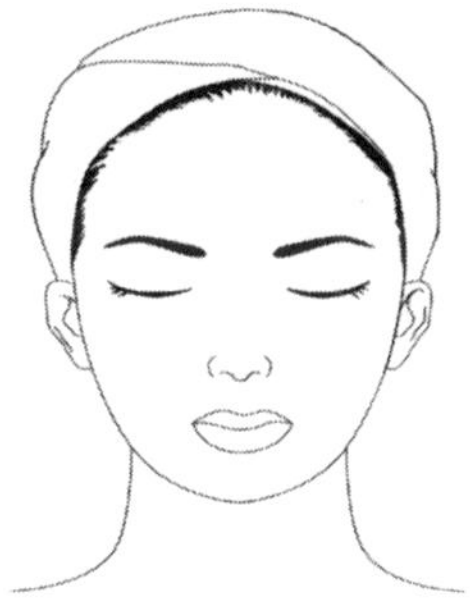		
⑥ 볼 3등분 바르기	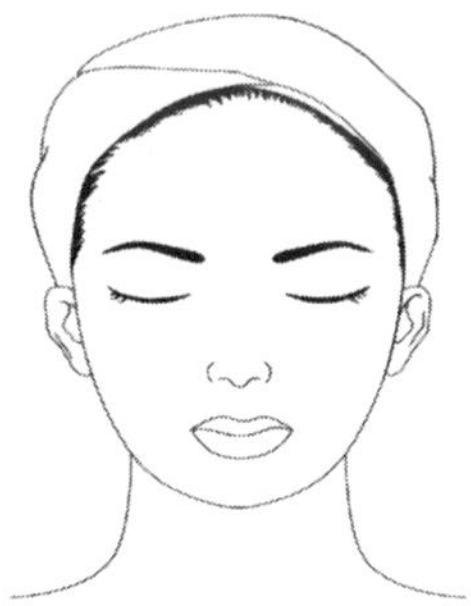		
⑦ 눈 원 그리듯 바르기	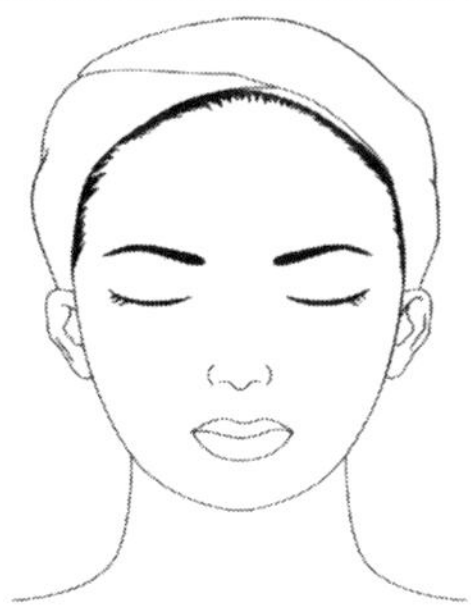		

화장수 동작 순서			
동작이름	테크닉 그리기	동작내용	비고
⑧ 코 바르기	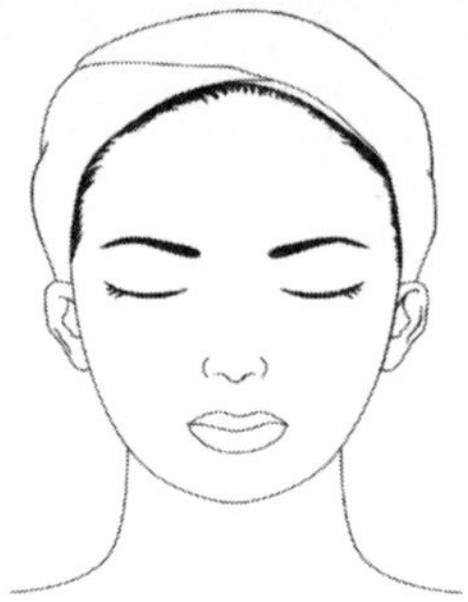		
⑨ 턱밑, 목 세로 방향 바르기	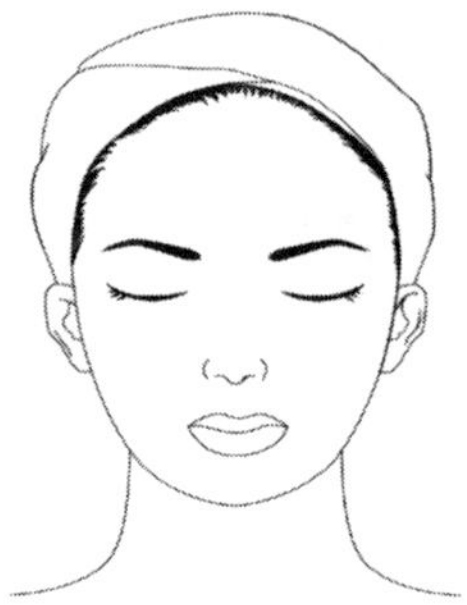		
⑩ 데콜테 바르기, 두드리기	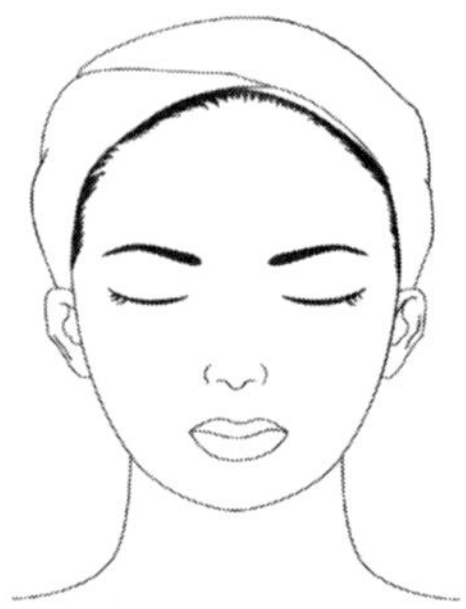		

part 3

상담 및 피부분석

제1장 피부미용의 상담

제2장 피부분석

노력하는 당신은 아름답습니다.
구민사는 당신의 성공을 응원합니다.

1 피부미용의 상담

(1) 개요

고객의 피부 유형과 피부상태 파악을 위해 실시하고, 고객의 피부에 맞는 올바른 관리 방법과 방향을 결정한다. 이를 위해 고객의 신상, 피부, 생활환경 등을 파악하여 고객카드를 상세하게 작성한다.

(2) 목적

상담을 통하여 고객의 마음을 읽고, 피부 관리의 효과를 높이기 위해 생활습관, 일상업무, 건강상태, 질병, 사용하는 화장품, 식생활 등을 파악한다. 그리고 섬세하고 꼼꼼한 상담 내용을 기준으로 고객의 피부상태에 가장 적절한 관리방법과 방향을 세운다. 또한 세분화 · 다양화되고 있는 고객의 욕구를 충족시키고 차별화된 살롱 경영을 위해서는 전문화된 상담이 필요하다.

(3) 상담효과

상담을 통해 고객이 안정적이고 적극적인 상태로 관리받을 수 있게 유도하고 불안감 및 경계심을 완화시킨다. 또한, 고객의 피부상태에 가장 알맞은 피부 관리에 대한 방법과 방향을 얻을 수 있다.

(4) 상담방법

① 고객의 입장이 되어 상담에 임하고 고객이 어떠한 관리를 원하는지를 파악한다.

② 고객 스스로 요구사항을 말할 수 있게 유도한다.

③ 피부상태는 수시로 변화하므로 매번 고객카드에 분석내용을 기록한다.

④ 고객의 잘못된 습관을 성의 있게 설명하여 고객이 납득하도록 한다.

⑤ 고객의 정보가 유출되지 않게 하고 사생활을 보호한다.

⑥ 고객의 말에 공감을 표현하도록 한다.

⑦ 식품이나 화장품에 대한 알레르기 등 병력사항을 체크한다.

⑧ 피부상태에 가장 적절한 관리방법과 절차 등에 관해 설명한다.

⑨ 피부의 문제로 현재 약물을 복용하고 있거나 과거 병원치료를 한 적이 있는지 등을 알아보고 관리계획표에 작성한다.

⑩ 피부상태에 가장 적절한 관리방법과 절차 등에 관해 설명한다.

(5) 고객 상담 차트

① 고객카드 작성

㉠ 성명, 연령, 주소, 전화번호 등을 기록한다.

㉡ 식습관, 생활습관, 운동습관 등을 기록한다.

㉢ 방문동기를 기록한다.

㉣ 알레르기 등 특이사항에 대해 기록한다.

㉤ 사용하는 화장품, 피부 관리 습관 등에 대해 기록한다.

② 고객카드

<table>
<tr><th colspan="2">관리계획표 작성</th></tr>
<tr><td colspan="2">1. 얼굴의 피부 타입은 팩 사용의 부위별 피부타입을 기준으로 결정하시오. (단, T-존과 U-존의 피부 타입만으로 판단하며, 피부의 유 · 수분 함량을 기준으로 한 타입(건성, 중성(정상), 지성, 복합성)만으로 구분하시오.</td></tr>
<tr><td>사용부위</td><td>피부타입</td></tr>
<tr><td></td><td></td></tr>
<tr><td></td><td></td></tr>
<tr><td></td><td></td></tr>
<tr><td></td><td></td></tr>
<tr><td colspan="2">2. 팩 사용을 위한 부위별 피부상태(타입)</td></tr>
<tr><td>○ T-존</td><td></td></tr>
<tr><td>○ U-존</td><td></td></tr>
<tr><td>○ 목부위</td><td></td></tr>
<tr><td colspan="2">3. 딥클렌징 사용제품</td></tr>
<tr><td colspan="2"></td></tr>
<tr><td colspan="2">4. 마스크</td></tr>
<tr><td colspan="2"></td></tr>
<tr><td colspan="2">※ 기타 유의사항</td></tr>
<tr><td colspan="2">• 관리계획표상의 클렌징, 매뉴얼테크닉용 화장품은 본인이 시험장에 사용하는 제품의 제형을 기준으로 하시오.</td></tr>
</table>

<table>
<tr><th colspan="4">관리계획 차트(Care Plan Chart)</th></tr>
<tr><td colspan="2">비번호</td><td></td><td>시험일자 | 20 . . . (부)</td></tr>
<tr><td rowspan="2">관리목적 및 기대효과</td><td>관리목적</td><td colspan="2"></td></tr>
<tr><td>기대효과</td><td colspan="2"></td></tr>
<tr><td colspan="2">클렌징</td><td colspan="2">□ 오일 □ 크림 ■ 밀크/로션 □ 젤</td></tr>
<tr><td colspan="2">딥클렌징</td><td colspan="2">□ 고마쥐(gommage) □ 효소(enzyme)
□ AHA □ 스크럽(scrub)</td></tr>
<tr><td colspan="2">매뉴얼테크닉 제품타입</td><td colspan="2">□ 오일 ■ 크림</td></tr>
<tr><td colspan="2">손을 이용한 관리형태</td><td colspan="2">■ 일반 □ 림프</td></tr>
<tr><td rowspan="3">팩</td><td>T존</td><td colspan="2">□ 건성타입 팩 □ 정상타입 팩 □ 지성타입 팩</td></tr>
<tr><td>U존</td><td colspan="2">□ 건성타입 팩 □ 정상타입 팩 □ 지성타입 팩</td></tr>
<tr><td>목부위</td><td colspan="2">□ 건성타입 팩 □ 정상타입 팩 □ 지성타입 팩</td></tr>
<tr><td colspan="2">마스크</td><td colspan="2">□ 석고마스크 □ 고무 마스크</td></tr>
<tr><td rowspan="4">고객 관리 계획</td><td>1주</td><td colspan="2"></td></tr>
<tr><td>2주</td><td colspan="2"></td></tr>
<tr><td>3주</td><td colspan="2"></td></tr>
<tr><td>4주</td><td colspan="2"></td></tr>
<tr><td rowspan="2">자가관리 조언 (홈케어)</td><td>제품을 사용한 관리</td><td colspan="2"></td></tr>
<tr><td>기타</td><td colspan="2"></td></tr>
</table>

※ 관리계획표는 요구하는 피부타입에 맞추어 시험장에서의 관리를 기준으로 하시오.
※ 고객관리계획은 향후 주단위의 관리 계획을, 자가관리 조언은 가정에서의 제품 사용을 위주로 간단하고 명료하게 작성하며 수정 시 두 줄로 긋고 다시 쓰시오.
※ 체크하는 부분은 주가 되는 하나만 하시오.
※ 고객관리 계획에서 마스크에 대한 사항은 제외하며, 마무리에 대한 사항은 작성하시오.

예시문제)

<table>
<tr><th colspan="4">관리계획 차트(Care Plan Chart)</th></tr>
<tr><td colspan="2">비번호</td><td></td><td>시험일자 20 . . . (부)</td></tr>
<tr><td rowspan="2">관리목적 및 기대효과</td><td>관리목적</td><td colspan="2">피부의 생리기능이 정상인 현재의 피부상태를 오래 유지할 수 있도록 보습관리를 기본으로 적용해주며, 주름이나 색소침착 등 노화를 사전에 예방하는 보호관리를 주된 목적으로 한다.</td></tr>
<tr><td>기대효과</td><td colspan="2">피부에 유분과 수분의 밸런스를 유지해주어 건조하지 않고 부드럽고 촉촉한 피부 상태를 기대한다.</td></tr>
<tr><td colspan="2">클렌징</td><td colspan="2">□ 오일 □ 크림 ■ 밀크/로션 □ 젤</td></tr>
<tr><td colspan="2">딥클렌징</td><td colspan="2">□ 고마쥐(gommage) □ 효소(enzyme)
□ AHA □ 스크럽(scrub)
*시험일 제시된 딥클렌징 제품 표시</td></tr>
<tr><td colspan="2">매뉴얼테크닉 제품타입</td><td colspan="2">□ 오일 ■ 크림</td></tr>
<tr><td colspan="2">손을 이용한 관리형태</td><td colspan="2">■ 일반 □ 림프</td></tr>
<tr><td rowspan="3">팩</td><td>T존</td><td colspan="2">□ 건성타입 팩 □ 정상타입 팩 □ 지성타입 팩
* 제시된 피부유형 팩</td></tr>
<tr><td>U존</td><td colspan="2">□ 건성타입 팩 □ 정상타입 팩 □ 지성타입 팩
* 제시된 피부유형 팩</td></tr>
<tr><td>목부위</td><td colspan="2">□ 건성타입 팩 □ 정상타입 팩 □ 지성타입 팩
* 제시된 피부유형 팩</td></tr>
<tr><td colspan="2">마스크</td><td colspan="2">□ 석고마스크 □ 고무 마스크
*시험일 제시된 마스크 표시</td></tr>
<tr><td rowspan="4">고객 관리 계획</td><td>1주</td><td colspan="2">클렌징로션 → 딥클렌징(효소) → 매뉴얼테크닉 → 수분팩 → 보습크림마무리</td></tr>
<tr><td>2주</td><td colspan="2">클렌징로션 → 딥클렌징(스크럽) → 매뉴얼테크닉 → 수분팩 → 보습크림마무리</td></tr>
<tr><td>3주</td><td colspan="2">클렌징로션 → 딥클렌징(고마쥐) → 매뉴얼테크닉 → 콜라겐팩 → 영양크림마무리</td></tr>
<tr><td>4주</td><td colspan="2">클렌징로션 → 딥클렌징(효소) → 매뉴얼테크닉 → 영양팩 → 보습크림마무리</td></tr>
<tr><td rowspan="2">자가관리 조언 (홈케어)</td><td>제품을 사용한 관리</td><td colspan="2">아침 : 미온수 세안, 유연화장수, 수분세럼, 아이크림, 보습크림, 자외선차단제
저녁 : 클린징로션, 유연화장수, 수분세럼, 아이크림, 영양크림, 넥크림</td></tr>
<tr><td>기타</td><td colspan="2">적당한 운동, 규칙적인 식사, 충분한 수분 섭취</td></tr>
</table>

(6) 고객상담 과정

고객 상담 → 고객카드작성 및 피부분석 → 피부 관리 방향설정 → 피부관리 실시 → 피부 관리 내용기록 및 자가 관리방법 조언(다음 관리 예약)

2 피부분석

(1) 피부분석 방법

1) 피부분석 목적

고객의 현재 피부 상태와 피부유형을 판별한다. 이를 바탕으로 고객에게 전문화된 피부관리의 필요성을 이해시키고 규칙적인 방문을 유도한다. 홈 케어 방법에 대한 교육과 피부가 악화되는 여러 가지 원인에 대해서도 교육을 실시한다.

2) 피부분석 방법

피지 분비량을 기준으로 피부분석을 실시하며, 피지분비량 과다는 지성피부, 피지분비량 부족은 건성피부, 피지분비량이 적당한 경우는 정상피부, 안면에 두 가지 피부가 있을 경우는 복합성 피부로 본다. 피부를 분석하는 방법으로는 문진법, 견진법, 촉진법, 기기를 이용한 피부분석 방법이 활용된다.

① 문진법

피부유형에 따라 나타나는 특징을 고객에게 질문하여 판독하는 방법이다. 부드러운 말투로 질문하고 권위적이거나 강한 말투와 행동은 피한다. 문진법을 통해 얻은 결과를 정확하고 상세하게 기록한다.

㉠ 차트작성

㉡ 객관적 사항 기록

㉢ 피부 증상

㉣ 생활습관 및 식습관, 운동습관

㉤ 피부 관리 습관

㉥ 생리유무, 피임상태

㉦ 건강상태

㉧ 유전적 문제점

㉨ 성격

㉩ 사용하는 화장품

② 견진법

피부의 여러 가지 상태를 육안이나 피부분석기기(확대경, 우드램프 등)를 사용하여 판독하는 방법이다.

㉠ 피부색소 상태

㉡ 피지 분비량

㉢ 피부 두께, 피부결, 보습상태

㉣ 피부 민감도

㉤ 여드름 상태

㉥ 모공의 크기

③ 촉진법

스파튤라로 피부에 자극을 주거나 직접 만져서 판독하는 방법으로 무리한 자극이나 터치로 고객이 불편을 느끼지 않게 측정한다.

㉠ 각질상태

㉡ 예민도

㉢ 탄력정도

㉣ 피부두께, 피부결

④ 기기 판독법

㉠ 우드램프

램프에 표시되는 색을 통해 피부상태 분석하는 장비로 피부의 민감도, 색소상태, 피지 등을 칼라로 보여준다.

ⓐ 효과

피부의 심층 상태 및 문제점의 명확한 분별이 가능하다.

ⓑ 사용방법

- 클렌징 후 사용한다. 메이크업이나 노폐물 등의 잔여물이 남아 있을 경우 우드램프 사용 시 빛나는 현상이 나타난다.
- 빛을 완전히 차단하여 피부를 어둡게 하고 사용한다.
- 아이 패드로 눈을 보호한 후 사용한다.
- 고객과 우드램프와 간격은 5~6cm가 적당하다.
- 측정기 반응에 나타나는 색을 기준으로 피부상태를 판단한다.

ⓒ 주의사항

- 피부에 직접 과열된 전구가 닿지 않도록 한다.
- 우드램프가 과열되지 않게 주의한다.
- 주위를 어둡게 하고 사용한다.
- 고객과 관리사는 램프 사용 중 직접 램프를 보지 않도록 한다.

ⓓ 피부 상태에 따른 우드램프 반응 색상

피부 상태	우드램프 반응 색상
정상 피부	청백색
건성, 수분부족 피부	연보라색
민감, 모세혈관 확장 피부	진보라색
피지, 여드름, 화농성	오렌지색
노화 각질, 두꺼운 각질층	흰색
색소 침착	암갈색
비립종	노란색
먼지, 이물질	하얀 형광색

ⓛ 확대경

육안으로 구분하기 힘든 문제성 피부 관찰에 용이한 기기로 피부를 정확하고 올바르게 분석하여 보다 전문적인 관리를 계획하고 실행할 수 있다.

ⓐ 효과

- 육안으로 판단하는 것보다 과학적이고 전문적으로 고객의 피부상태 및 문제점을 파악할 수 있다.
- 여드름의 상태 및 과정을 자세하게 관찰할 수 있다.
- 면포제거 등에 용이하다.
- 피부표면상태, 색소정도, 모공 등을 자세하게 관찰할 수 있다.

ⓑ 사용방법

- 클렌징 후 사용한다.
- 확대경 켜기 전 아이 패드로 눈을 보호한다.

ⓒ 주의사항

- 확대경과 고객 얼굴과의 간격은 20~30cm가 적당하다.
- 마른 아이 패드로 눈을 보호한 후 사용한다.

㉢ 유분측정기

표피의 유분 함유량을 측정하는 기기로 특수 플라스틱 테이프를 이용하여 측정한다. 플라스틱 테이프를 피부에 30초 정도 눌러준다. 이후 측정구에 플라스틱을 꽂아 피지의 빛 통과도에 의해 피부 유분·유량을 측정한다.

㉣ 수분측정기

표피의 수분 함유량을 측정하는 기기로 유리탐침을 피부의 측정하고자 하는 부위에 1~2초 정도 눌러 사용한다. 측정 시 소리와 함께 0~100 단위로 수치가 나타난다. 직사광선, 직접조명 아래, 운동 직후는 바로 측정하지 않고 추식 후 측정한다. 적정 측정 환경은 온도 20~22℃ 습도 40~60%가 바람직하다.

㉤ 피부분석기

모공 크기, 피지 분비량, 각질상태, 피부 결 등을 자세하게 관찰할 수 있는 진단기기로 고객이 직접 피부 및 두피의 상태를 모니터를 통하여 확인할 수 있다.

㉥ 피부 pH 측정기

피부의 산도를 측정하는 기기로 건조와 피지상태 등을 알 수 있다.

(2) 피부타입

1) 피부 상태 분석

클렌징 후 각질화 상태, 모공크기, 탄력상태, 색소침착, 혈액순환, 유 · 수분 함유량 등에 따라 피부상태를 분석한다.

기준	피부유형
피지분비상태	정상피부, 건성피부, 지성피부, 복합성피부
피부조직	얇은 피부, 두꺼운 피부, 정상피부
수분량	표피수분부족 피부, 진피수분부족 피부
색소침착	과색소 침착 피부, 저색소 침착 피부
혈액순환	모세혈관 확장증, 홍반, 주사

2) 피부유형에 따른 관리

① 피지량에 따른 피부유형

㉠ 정상 피부

유 · 수분 밸런스가 조화를 이루고 있는 가장 안정적인 피부유형으로 피부의 생리기능과 피부조직의 상태 등이 모두 정상적인 상태의 피부이다. 피부 관리의 궁극적인 목적이 정상피부의 피부상태에 가깝게 가고자 하는 것이다.

ⓐ 특징

- 가장 이상적이고 안정적인 피부형태로 유 · 수분이 적절히 균형을 이루고 있다.
- 피부 결이 매우 섬세하고 피부가 부드럽다.
- 조직이 단단하고 탄력이 좋다.
- 모공이 섬세하다.
- 혈액순환이 잘되고 안색이 밝다.
- 피부저항성이 좋으나 민감함이 지나치게 나타나지는 않는다.

ⓑ 원인

- 유 · 수분의 밸런스가 균형을 이루고 혈액순환이 잘 될 경우 나타나는 피부이다.
- 피부 관리가 잘 이루어진 결과이며 정신과 육체가 건강한 상태이다.
- 외적환경으로부터 피부를 잘 보호하고 수분함유량이 높은 경우 나타난다.

ⓒ 관리방법

- 유 · 수분을 공급하여 피부의 건조와 수분 보유력을 향상시킨다.
- 자외선 등의 외부의 유해한 환경으로부터 피부를 보호한다.
- 주 1회 각질제거, 마사지, 팩 등의 사용으로 피부의 활성화를 높인다.

㉡ 건성피부

피지분비량이 적고 수분이 부족하므로 피부에 윤기가 없고 각질이 일어난다. 세안 후 아무것도 바르지 않으면 심한 당김을 느끼게 된다. 특히 겨울철이나 연령의 증가는 피지분비량이 저하되어 건성피부의 현상이 더욱 뚜렷해진다.

ⓐ 특징

- 건성피부, 표피수분부족 건성피부, 진피수분부족 건성피부로 나뉜다.
- 세안 후 얼굴이 당기는 현상을 느끼고 피부 결이 섬세하며 피부가 얇다.
- 각질층 수분보유량이 10% 이하로 유 · 수분의 균형이 깨진 상태이다.
- 잔주름이 많고 모공이 거의 보이지 않는다.

- 피부에 윤기가 없다.
- 피부결이 곱고 피부가 얇다.
- 피부저항력이 약하고 각질이 일어나기도 한다.
- 얼굴 전체가 거칠고 화장이 잘 안 받는다.

ⓑ 원인

- 피지분비량과 수분의 부족으로 발생하며, 유전적으로 수분증발방지 등의 보호기능이 약해 건성피부가 된다.
- 계절, 환경의 변화, 사우나, 자외선, 다이어트, 연령의 증가 등으로 인해 피부가 쉽게 변화된다.
- 스트레스, 신진대사 이상, 소화기 계통의 이상, 간 기능 이상, 호르몬의 불균형 등과 같은 후천적 요인으로 인해 피지선과 땀샘의 기능이 저하되어 건성피부로 변화된다.

ⓒ 관리방법

- 보습과 함께 유분을 공급하여 피부의 보호막 기능을 높인다.
- 너무 많은 유분의 공급은 피지선의 기능 저하로 건성이 더 심해질 수 있으므로 유 · 수분의 균형을 유지할 수 있게 한다.
- 자외선 등과 같은 외부의 유해한 환경으로 피부를 보호한다.
- 마사지 등을 통하여 신진대사와 혈액순환을 활성화 한다.
- 알코올이 함유되어 있지 않은 화장수를 사용한다.

㉢ 지성피부

피지선에서 분비되는 피지량이 많은 피부로 젊은 층에 많은 피부 유형이다. 피부가 번들거리고 화장이 쉽게 지워지며, 모공이 크고 피부가 오렌지 껍질처럼 보인다. 피지선이 발달하여 피부가 알칼리화를 변화될 확률이 높다. 알칼리화 된 피부는 세균의 번식이 쉬워지며 이것은 여드름의 생성을 초래하기도 한다.

ⓐ 특징

- 피지분비가 많다.
- 피지로 인해 얼굴이 번들거리고 뾰루지나 여드름이 발생하기 쉽다.
- 모공이 넓다.
- 피부가 두껍고 피부 결이 거칠다.
- 화장이 잘 지워지고 피부색이 칙칙하다.
- 피부가 끈적이고 번들거린다.

– 건성피부보다 잔주름이 덜 발생하나 주름이 잡히면 깊고 굵은 주름이 생기는 경향이 있다.

ⓑ 원인

– 과다한 피지분비량이 원인이다.

– 스트레스, 수면부족, 부신피질 호르몬제의 사용 등으로 인한 호르몬 불균형이 피지선을 자극하고 이는 피지 분비량을 증가시켜 지성피부로 변화되기도 한다.

ⓒ 관리방법

– 과다한 피지제거가 가능한 지성용 세안제를 사용하고, 지성이 심한 경우 여드름으로의 진행을 예방하기 위해 항염 기능이 있는 제품을 사용한다.

– 보습제를 사용하여 피부의 수분함유량을 높인다.

– 블랙헤드가 심할 경우 1주일에 1~2회 정도 피지제거 기능이 있는 딥클렌징 제품을 사용한다.

– 아하, 클레이, 녹차, 계란 흰자 등의 성분이 함유된 제품을 사용한다.

㉣ 복합성 피부

유 · 수분 밸런스가 균형을 이루지 않고 중성과 지성, 중성과 건성 등 두 가지 이상의 피부유형이 얼굴에 동시에 나타나는 피부를 말한다.

ⓐ 특징

– 다른 피부유형이 2가지 이상 공존하는 피부이다.

– 대게 이마와 코 부위는 모공이 크고 피지가 많다.

– 볼 부위는 피부 결이 섬세하고 모공이 거의 보이지 않는다.

ⓑ 원인

– 환절기, 화장품 교체 시에 피부가 균형을 잃게 될 경우 나타난다.

– 연령, 심한 온도변화, 수면부족, 과로, 음식물 등이 원인이 되기도 한다.

ⓒ 관리방법

– 피부상태를 구분하여 각각의 피부유형에 맞게 관리한다.

– 지성피부 부위는 피지제거와 보습공급, 건성피부 부위는 유·수분 공급, 정상피부 부위는 현 상태 유지를 위한 적절한 유분기 공급과 수분공급을 해준다.

– 얼굴 마사지 적용 시 피부유형에 맞는 테크닉을 사용한다.

– 전체적으로 피부에 충분한 보습을 공급하고 예민한 부위나 여드름 부위는 항염기능이 있는 화장품을 사용하도록 한다.

② 문제성 피부 유형

㉠ 민감성 피부

정상피부에 비해 각질 탈락 주기가 빨라 각질층이 얇고 피부보호기능이 저하된 피부이다. 외부반응에 대한 저항력이 약해 피부가 쉽게 거칠어지며, 역학적, 화학적 자극에 예민하게 반응한다. 외관상 깨끗하고 섬세한 피부 결을 보이나 외부온도와 같은 자극에 민감하고 건조해지기 쉬우며 피부가 피곤함을 쉽게 느낀다.

ⓐ 특징

- 각질층이 매우 얇고 홍조가 보인다.
- 작은 자극에도 민감하게 반응한다.
- 피부 저항력이 약해 붉고 예민하다.

ⓑ 원인

- 잘못된 피부 관리, 과도한 필링 등이 원인이 되기도 한다.
- 심리적으로 예민한 사람, 알코올이나 흡연, 스트레스, 수면부족이 원인이 되기도 한다.

ⓒ 관리방법

- 무향, 무색, 무알코올 화장품을 사용한다.
- 피부에 보습력을 높인다.
- 자외선 등과 같은 외부의 유해한 환경으로부터 피부를 보호한다.
- 비타민 B5 성분을 발라 모세혈관을 강화시킨다.
- 스트레스 완화에 노력한다.

㉡ 모세혈관 확장(Cooper rose)

모세혈관이 늘어났다가 원상태로 돌아가지 못하고 늘어져 있는 상태로 증상에 따라 초기는 모세혈관 확장증, 2단계는 모세혈관 피부, 3단계의 주사로 구분된다.

ⓐ 특징

- 피부 결이 섬세하다.
- 모세혈관이 약화되었거나 확장, 파열되어 실핏줄이 보인다.
- 온도가 심하게 변하면 쉽게 붉어진다.
- 대체로 피부가 얇다.
- 탄력성이 저하되어 있다.

ⓑ 원인

- 선천적으로 모세혈관이 약한 경우 발생한다.

- 심한 온도변화, 호르몬 불균형, 자극적인 음식, 알코올, 담배 등을 애용하는 경우에 발생되기도 한다.
- 과도한 긴장과 스트레스가 원인이 되기도 한다.
- 갑상선 호르몬이나 성호르몬의 장애, 생식기의 이상, 내장기관의 이상이 있는 경우에 발생되기도 한다.

ⓒ 관리방법

- 자외선 등의 외부의 유해한 환경으로부터 피부를 보호한다.
- 강한 자극이 있는 마사지, 딥클렌징을 피한다.
- 피부에 충분한 수분을 공급한다.
- 온도변화에 유의한다.
- 저자극, 무색, 무향, 무알코올의 화장품을 사용한다.

㉢ 여드름 피부

주로 사춘기 젊은 층에 많은 피부유형으로 피지선의 염증성 질환을 가지고 있는 피부이다. 여드름의 증상에 따라 면포, 구진, 농포, 결절, 낭종으로 구분하고 심한 염증은 피부에 흉터를 남기기도 한다.

ⓐ 특징

- 피지가 많고 피부가 번들거린다.
- 피부가 거칠고 두껍다.
- 과다한 피지로 인해 피부 표면에 먼지가 잘 붙어 지저분해지기 쉽다.
- 각질, 먼지, 피지 등 여러 요인에 의해 모공입구가 폐쇄되기도 하며, 이는 피지 배출을 어렵게 하는 요인이 된다.
- 비염증성 여드름 : 블랙헤드, 화이트헤드
- 염증성 여드름 : 구진, 농포, 결절, 낭종

ⓑ 원인

- 피지선의 자극으로 인한 피지분비과다
- 호르몬의 영향
- 모공 안의 여드름 균
- 잘못된 화장품의 사용
- 과도한 피부자극
- 스트레스
- 유전적 요인

ⓒ 관리방법

- 여드름의 진행 상태에 알맞은 관리를 실시한다.
- 카올린, 머드, 클레이 등의 성분을 이용하여 피지를 제거한다.
- 아하, 바하, 파파인 등의 성분을 이용하여 비후된 각질을 제거한다.
- 항염 기능이 있는 화장품을 사용하여 박테리아 성장을 억제한다.
- 티트리, 알로에 등의 성분을 이용하여 여드름 피부에 항염 효과를 높이고 피부를 진정시킨다.

㉣ 노화 피부

인체의 노화 진행과 더불어 나타나는 피부의 건성화 현상이다. 내인성 노화는 나이가 들어감에 따라 자연적으로 발생하며, 광 노화는 태양광선에 의한 외적환경에 대한 노출에 기인한다.

ⓐ 특징

- 건성화가 진행된다.
- 안면근육이 약해지고 탄력의 저하
- 눈, 입, 이마 등에 잔주름 증가
- 안색 불균형 및 신진대사 저하
- 피지선 위축
- 피부질환으로 쥐젖, 흑점 등 유발

ⓑ 원인

- 유전적인 요인
- 프리 라디컬(free radical)
- 피지선, 한선의 기능 감소
- 혈액순환, 신지대사 저하
- 과도한 자외선 노출
- 흡연, 음주, 스트레스
- 화장품 부작용

ⓒ 관리방법

- 피부에 수분을 적절히 공급한다.
- 자외선 차단을 한다.
- 마사지를 통한 혈액순환, 신진대사를 촉진한다.
- 적당한 운동을 통한 세포재생을 촉진한다.
- 재생관리를 한다.

part 4

눈썹정리 및 수정

제1장 눈썹정리

제2장 수정

노력하는 당신은 아름답습니다.
구민사는 당신의 성공을 응원합니다.

1 눈썹정리

(1) 목적

깔끔한 인상을 주는 이미지 관리에 필요하며 유행의 흐름에 민감하여 간접적인 얼굴형태 변화에 기여한다.

(2) 눈썹모양 결정

눈썹의 크기, 얼굴의 형태, 눈의 위치 및 크기, 유행의 흐름, 고객의 취향 및 연령을 고려하여 결정한다.

(3) 주의사항

1) 금기피부(최근 상처, 눈의 이상, 타박상, 피부질환, 예민피부)

2) 안경이나 콘택트 렌즈 등을 제거한다.

3) 소독된 기구를 사용한다.

4) 상처가 나지 않도록 한다.

② 수정

(1) 눈썹 디자인하기

1) 눈썹의 시작점은 코끝과 눈썹 앞머리를 우드스틱으로 수직으로 세운 후 펜슬로 체크한다.

2) 눈썹 산의 위치는 눈썹 앞머리를 시작점으로 전체 길이의 2/3 지점이다. 고객 정면을 주시할 때 동공의 끝과 눈썹의 제일 높은 곳이다.

3) 눈썹 끝은 앞머리보다 쳐지지 않게 하며 코끝, 눈동자 끝, 눈썹 끝을 사선으로 이어 45도 지점을 체크한다.

[그림] 눈썹의 기본 구조

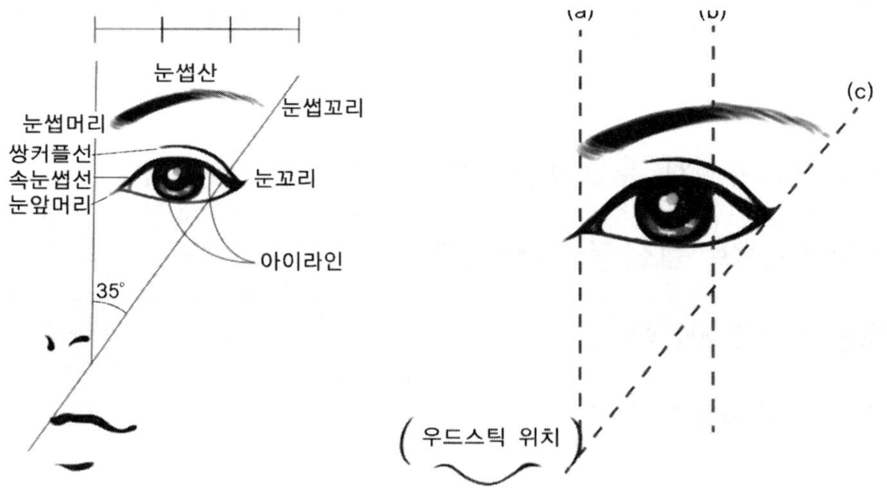

(2) 준비물

알코올 솜, 우드스틱, 브러쉬, 눈썹가위, 족집게, 눈썹 칼, 진정젤, 화장솜, 트레이

(3) 눈썹정리 순서

① 손과 도구 소독
족집게, 가위, 눈썹 칼, 눈썹 브러쉬 등을 소독하여 준비하기

② 눈썹 소독
알코올 솜으로 시술할 눈썹부위를 닦기

③ 눈썹의 각도를 체크
우드 스틱으로 각도 체크하기

④ 브러쉬로 눈썹 정돈
눈썹 브러쉬를 사용하여 눈썹털이 난 방향으로 눈썹 정돈하기

⑤ 눈썹 가위로 자르기
눈썹 브러시를 대고 눈썹을 가위로 자른 후 마른 솜으로 털어내기

⑥ 족집게로 눈썹 뽑기
검지와 중지를 이용하여 텐션을 준 후 털 난 방향으로 잔여 눈썹 뽑기
(젖은 화장솜에 뽑은 눈썹 올려놓기)

⑦ 눈썹 칼로 정리하기
나머지 눈썹 털은 칼을 이용하여 결 반대방향으로 깨끗하게 정리하기

⑧ 진정젤 바르기
진정 젤을 젖은 화장솜에 적당량 덜어 눈썹 뽑은 부분에 발라 진정하기

⑨ 주변정리
뽑은 눈썹은 검사 후 주변정리하기

눈썹정리 순서			
동작이름	테크닉 그리기	동작내용	비고
① 손과 도구 소독	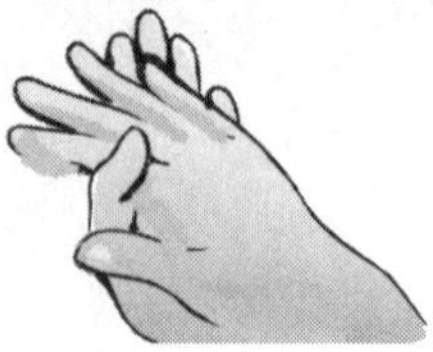		
② 눈썹 소독	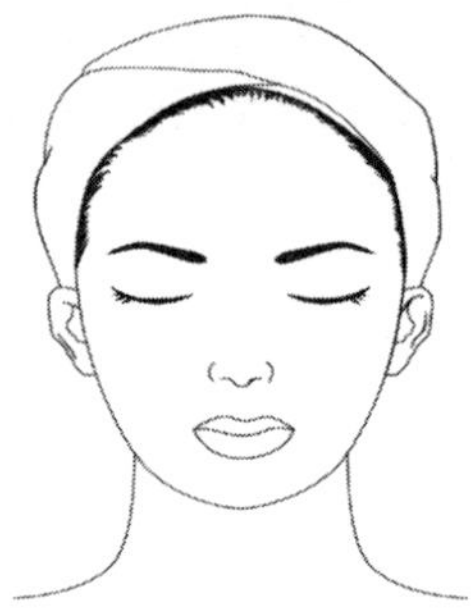		
③ 눈썹의 각도를 체크	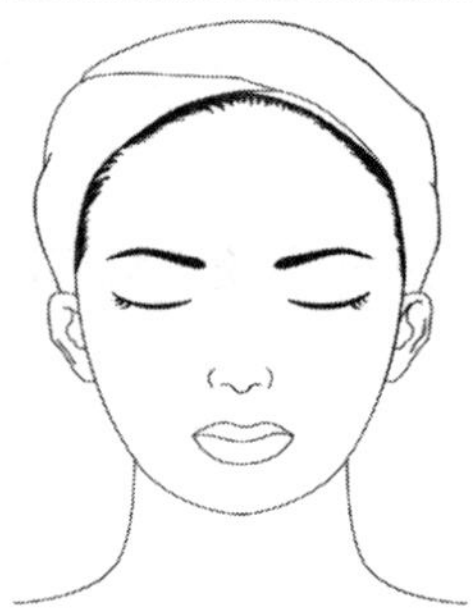		
④ 브러쉬로 눈썹 정돈	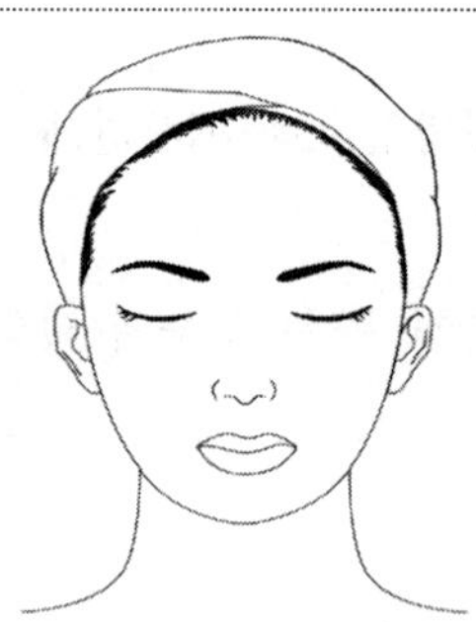		

눈썹정리 순서			
동작이름	테크닉 그리기	동작내용	비고
⑤ 눈썹 가위로 자르기	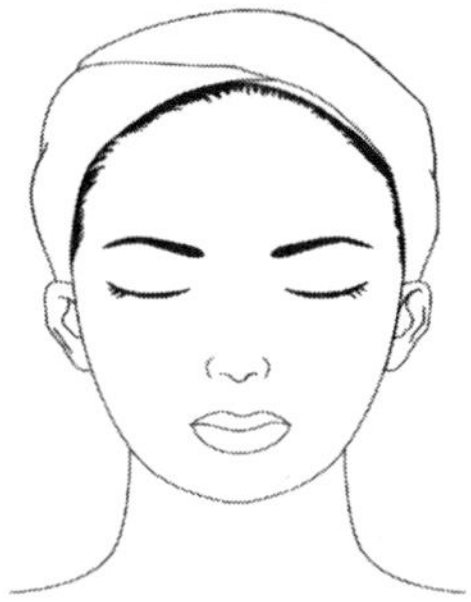		
⑥ 족집게로 눈썹 뽑기	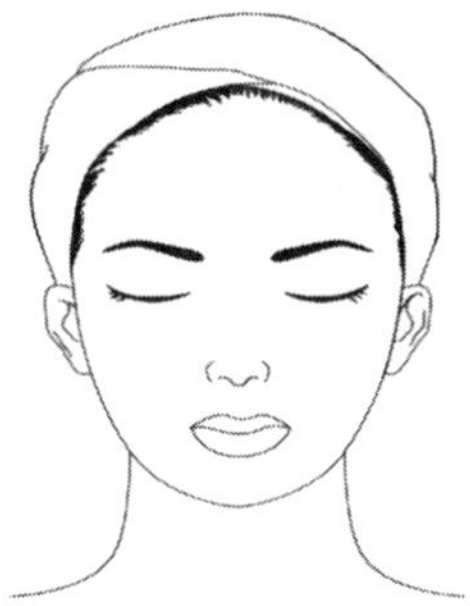		
⑦ 눈썹 칼로 정리하기	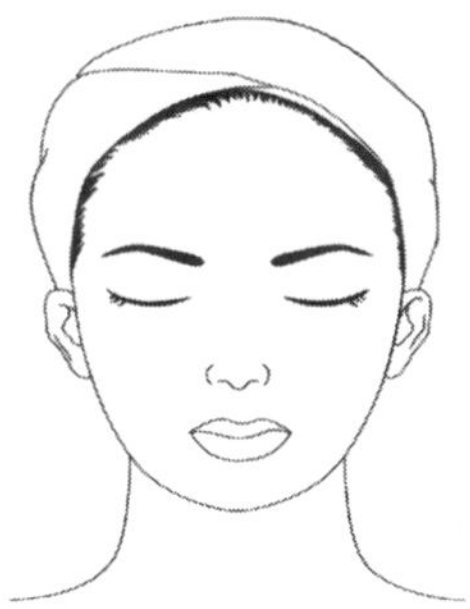		
⑧ 진정젤 바르기	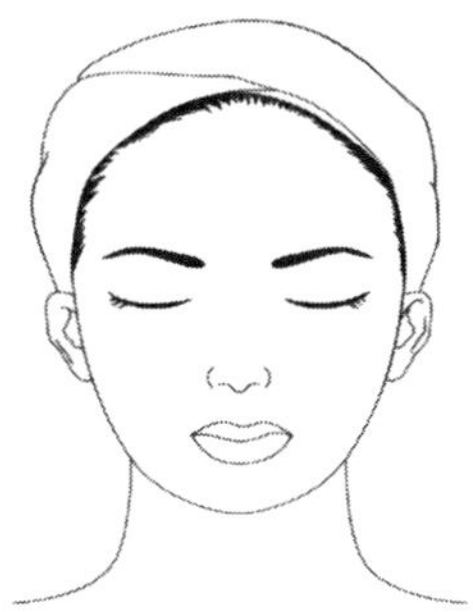		

눈썹정리 순서			
동작이름	테크닉 그리기	동작내용	비고
⑨ 주변정리	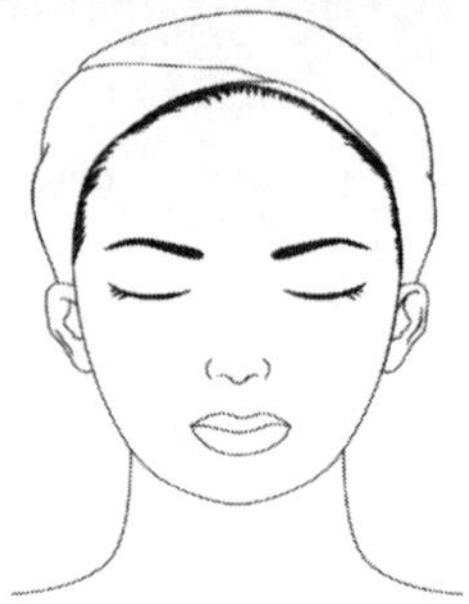		

part 5

딥클렌징

제1장 딥클렌징

노력하는 당신은 아름답습니다.
구민사는 당신의 성공을 응원합니다.

1 딥클렌징

(1) 딥클렌징

1) 목적

① 모공 속의 노폐물과 피지를 제거한다.

② 피부각질층의 죽은 세포를 제거하여 정상적인 새 세포의 재생을 촉진한다.

③ 다음 단계의 영양물질 침투를 용이하게 해준다.

2) 효과

① 피지의 분비를 조절하고, 피부 모공 속 노폐물 제거한다.

② 피부안색을 맑고 깨끗하게 하고 피부 결을 매끈하게 한다.

③ 진피세포의 활성화로 주름을 예방한다.

④ 면포를 부드럽게 한다.

⑤ 혈액순환 촉진 및 피부트러블 예방

3) 주의사항

① 딥클렌징 적용 시 눈 주위, 입 주위에 아이 & 립크림을 발라 보호한다.

② 딥클렌징 후 직사광선을 피하고 자외선 차단 크림을 발라준다.

③ 홍반, 필링 후, 화상 시에는 피한다.

④ 모세혈관 확장증, 민감 피부, 피부질환은 피한다.

⑤ 상처 직후, 수술 후 수술부위가 아물기 전까지 피한다.

⑥ A.H.A의 경우 눈 주위, 입 주위 남성의 경우 면도직후 피한다.

(2) 딥클렌징 분류

1) 제품을 이용한 딥클렌징

[스크럽(Scrub)]

살구씨, 조개껍질가루, 아몬드, 녹두 등 자연재료뿐만 아니라 폴리 에칠렌류의 미세 알갱이를 이용하여 각질을 제거하는 방법이다.

민감한 부위는 자극을 주지 않고 알갱이가 눈에 들어가거나 피부에 남아 있지 않도록 한다. 스크럽 제품은 가루형태, 크림, 젤, 오일 등 다양한 타입이 있으며, 과각화피부, 지성피부 등에 효과적이다.

스트럽 동작 순서			
동작이름	테크닉 그리기	동작내용	비고
① 손 소독하기	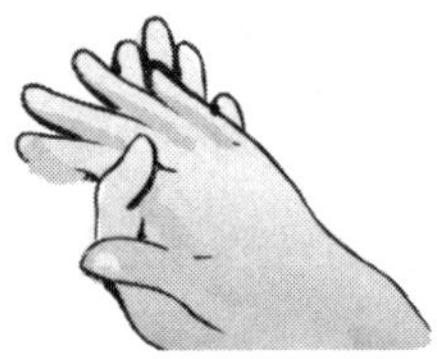		
② 유리볼에 스크럽 적당량 덜기	-		
③ 팩 붓으로 얼굴전체 도포하기	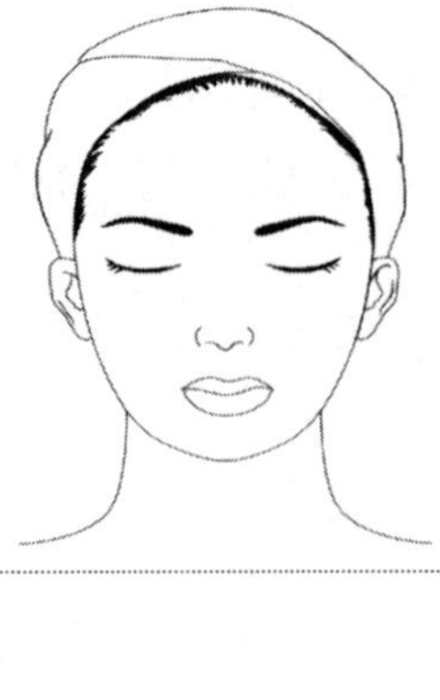		

스트럽 동작 순서			
동작이름	테크닉 그리기	동작내용	비고
④ 목과 어깨에 티슈 깔기	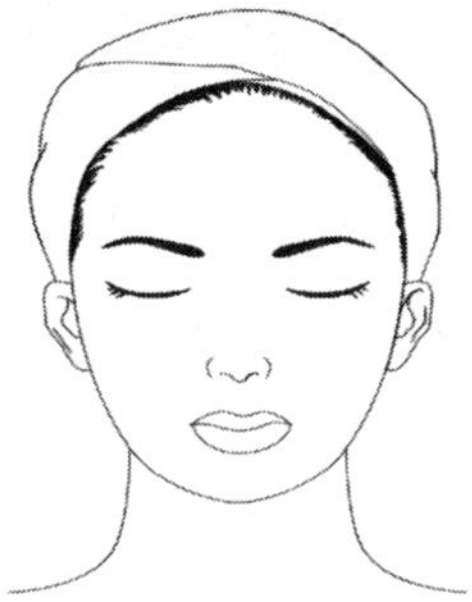		
⑤ 준비한 유리볼 물로, 손에 묻혀 러빙하기	-		
⑥ 해면으로 닦기	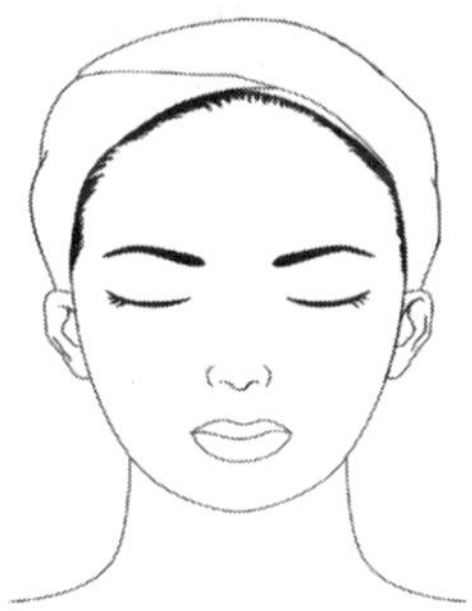		
⑦ 티슈 제거하기	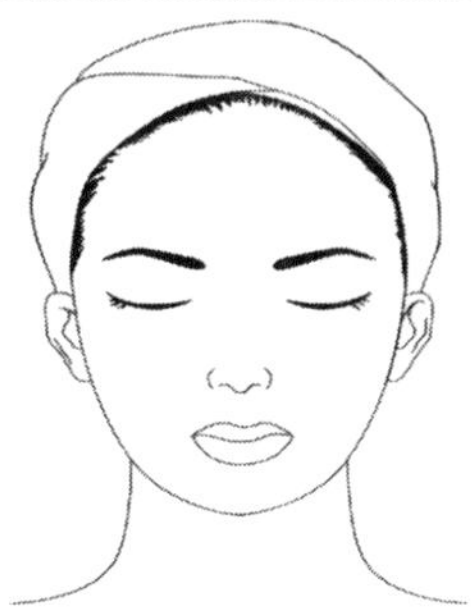		
⑧ 온습포 하기, 토너 바르기	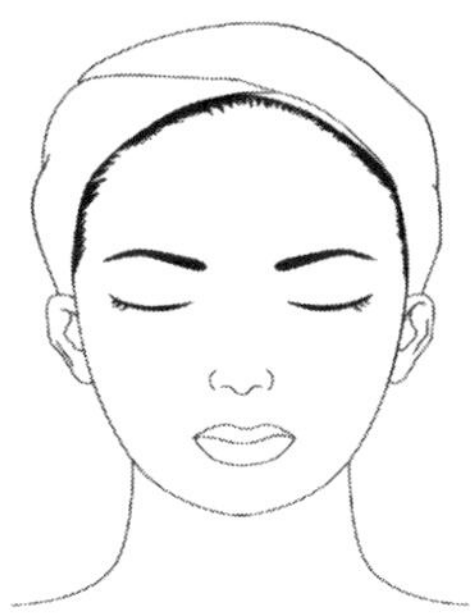		

[고마쥐(Gommage)]

- "밀어내다", "지우다"의 의미로 고마쥐를 적당량 도포 후 3~5분 자연방치 후 한손은 피부를 당겨 텐션을 주고 다른 한손으로 피부결 방향으로 문질러 내면 고무처럼 고마쥐가 때처럼 밀려 각질과 떨어져 나간다.
- 고마쥐의 롤링 성분은 크산탄검(xanthan gum)이며 크림 또는 겔 타입이 있다.
- 또한 효소성분이 함유되어 있어 피부에 도포하고 씻어내는 타입도 있다.
- 주의사항
  - 피부상태에 따라 강도를 조절한다.
  - 민감성, 염증 여드름은 피한다.

고마쥐 동작 순서			
동작이름	테크닉 그리기	동작내용	비고
① 손 소독하기	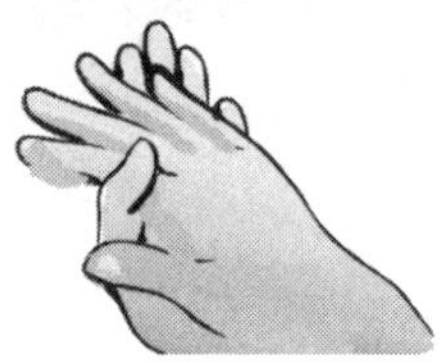		
② 터번에 티슈를 끼우고, 귀까지 감싸기	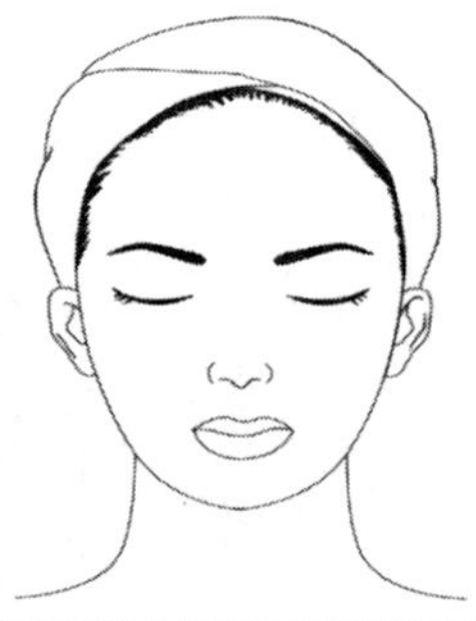		
③ 유리볼에 고마쥐 적당량 덜기	-		

고마쥐 동작 순서			
동작이름	테크닉 그리기	동작내용	비고
④ 팩 붓으로 얼굴 전체 도포하기	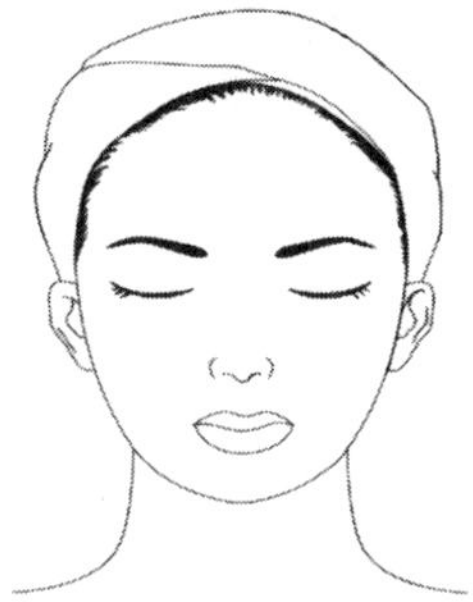		
⑤ 아이 패드, 립 패드하기	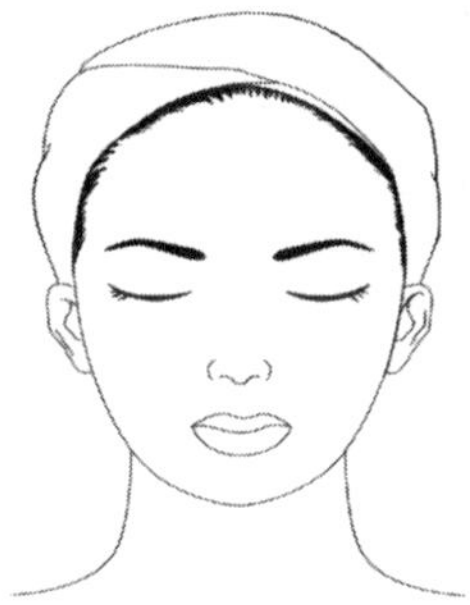		
⑥ 목과 어깨에 티슈 깔기	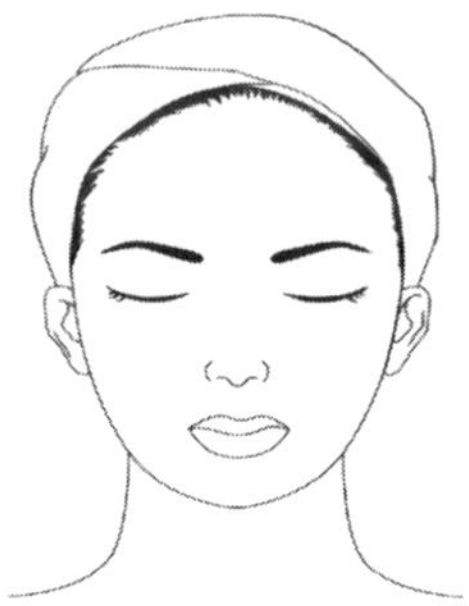		
⑦ 자연 방치 후, 아이&립 패드 제거하기	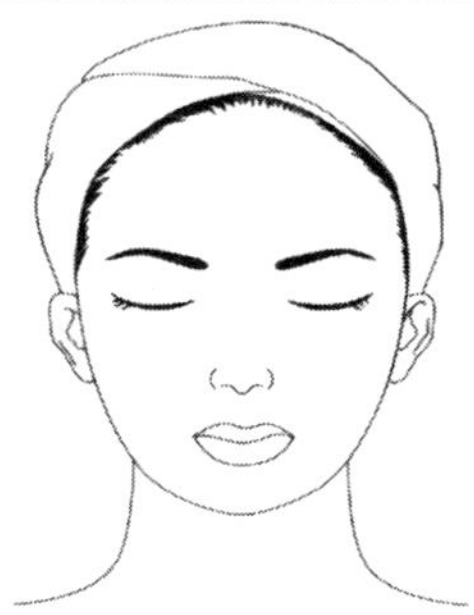		

고마쥐 동작 순서			
동작이름	테크닉 그리기	동작내용	비고
⑧ 고마쥐 밀어내기 한손은 텐션을 주고 다른 한 손은 3, 4지를 이용하여 피부결 방향으로 밀어내기	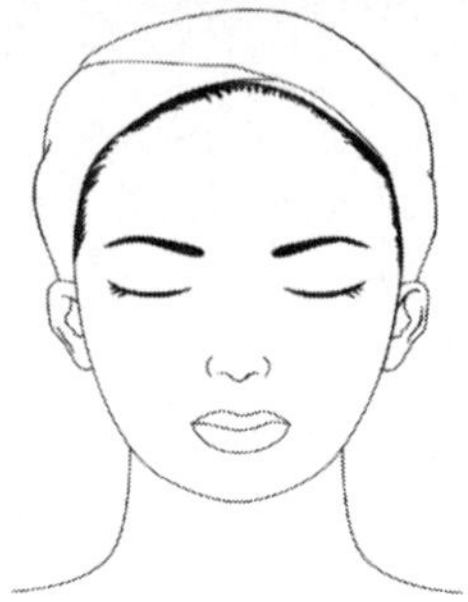		
⑨ 준비한 유리볼의 물로, 손에 묻혀 러빙하기	-		
⑩ 티슈제거하기	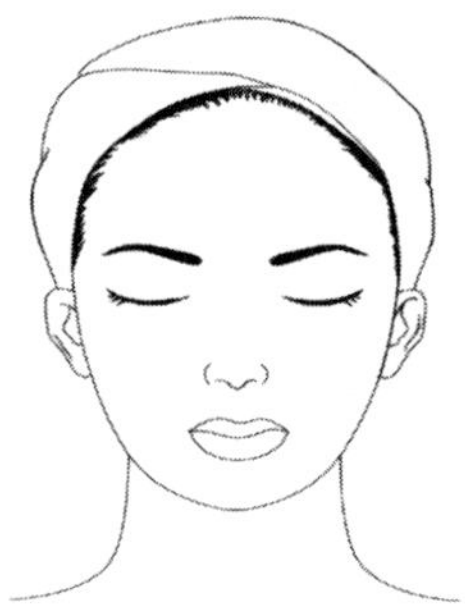		
⑪ 터번정리하기	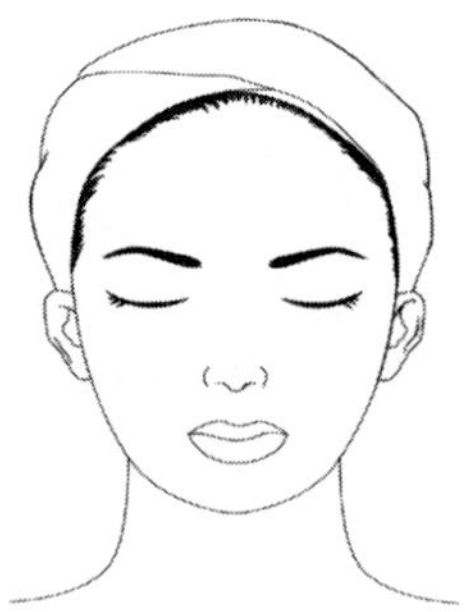		
⑫ 해면으로 닦기	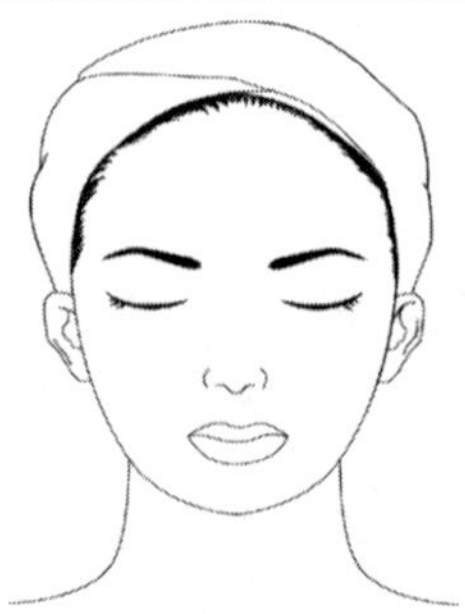		

[효소(Enzyme)]

열대과일 파파야에서 추출한 파파인 성분과 파인애플에서 추출한 브로멜라인 성분으로 각질을 제거한다. 죽은 각질에만 선택적으로 분해하여 피부를 자극하지 않고 모든 피부에 사용가능하며 효소를 바르고 스티머(국가자격시험 : 스티머가 없을 시 온습포 사용)를 이용하여 온도에 의해 효소를 활성화 한다.(온도, 습도, 시간 10~15분)

효소 동작 순서			
동작이름	테크닉 그리기	동작내용	비고
① 손 소독하기	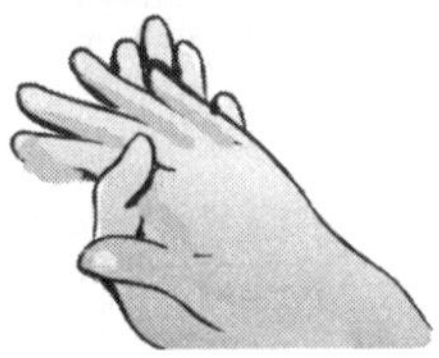		
② 효소파우더+ 정제수 혼합하기	-		
③ 팩 붓으로 도포 하기	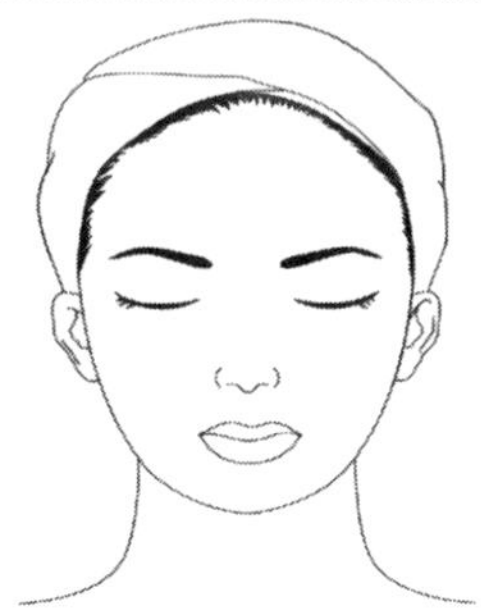		
④ 아이 패드, 립 패드 하기			

효소 동작 순서			
동작이름	테크닉 그리기	동작내용	비고
⑤ 해면으로 닦기	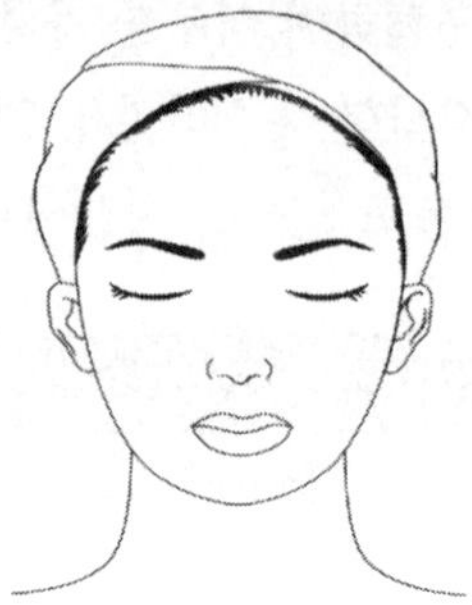		
⑥ 온습포 올려두기 적정시간 후 온습포 제거하기	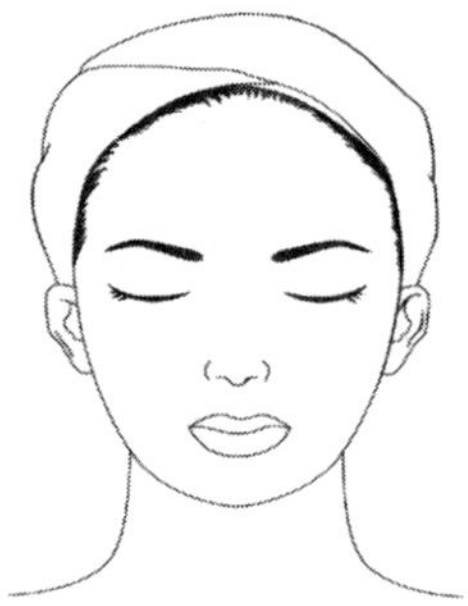		
⑦ 온습포로 닦기	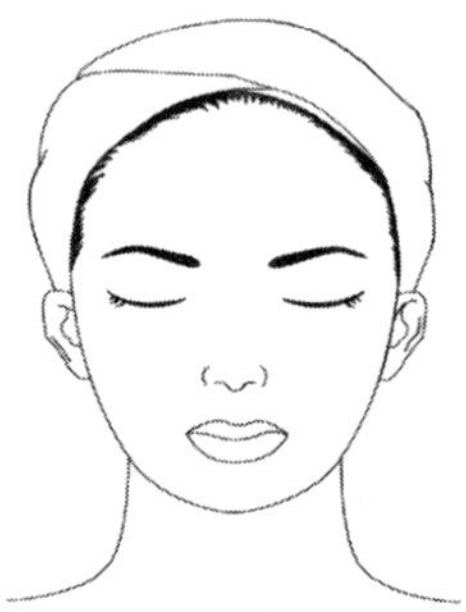		
⑧ 토너 바르기	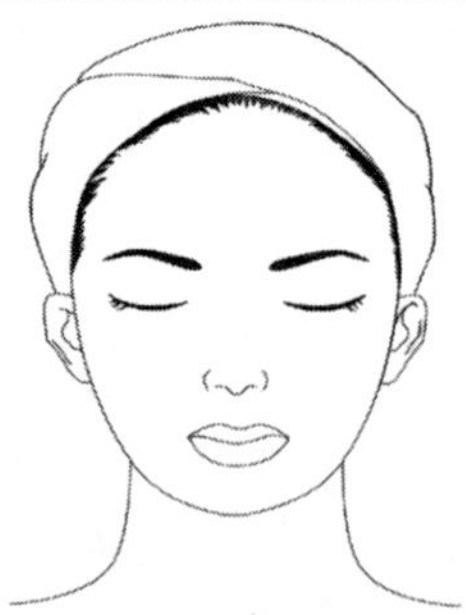		

[A.H.A(Alpha Hydroxy Acid)]

천연 과일산 성분으로 사탕수수, 우유, 포도, 사과, 감귤류에서 추출한 글리콜릭산(사탕수수산), 락틱산(젖산), 타타릭산(주석산), 말릭산(능금산), 시트릭산(구연산)을 이용한다. A.H.A 는 각질 세포 간 결합력을 약화시키고 각질 세포 탈락을 촉진하여 과 각화현상을 예방한다. 또한 티로시나아제의 효소작용을 억제하여 미백효과도 있다.

사용 시 농도를 10% 넘지 않도록 하며 시간을 정확하게 적용하고 사용 후 진정관리를 해 주어야 한다.

천연 과일산 성분		추출	한글표기	효과
Glycolic acid	클리콜릭 에시드	사탕수수	사탕수수산	분자크기가 작아 흡수율 높음
Latic acid	락틱 에시드	우유	젖산	발효 우유에서 추출
Tataric acid	타타릭 에시드	포도	주석산	신진대사 촉진
Malic acid	말릭 에시드	사과	능금산	피부유연화
Citric acid	시트릭 에시드	감귤류	구연산	pH 조절

A.H.A 동작 순서			
동작이름	테크닉 그리기	동작내용	비고
① 손 소독하기	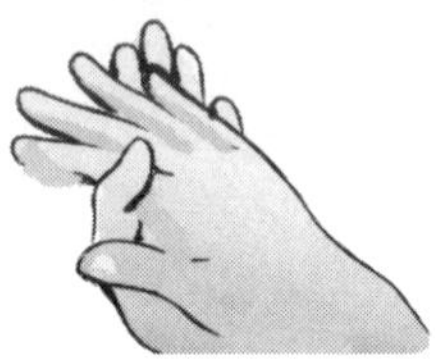		
② A.H.A 유리볼에 적당량 덜기	-		
③ 아이 패드, 립 패드하기	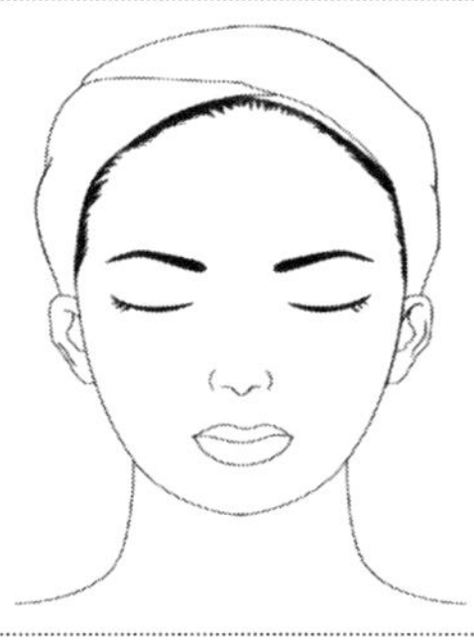		

A.H.A 동작 순서			
동작이름	테크닉 그리기	동작내용	비고
④ 팩 붓이나 얼굴용 면봉으로 얼굴 도포하기 • 예민한 볼 부위를 마지막에 도포 • 한번 도포한 곳은 덧바르지 않기	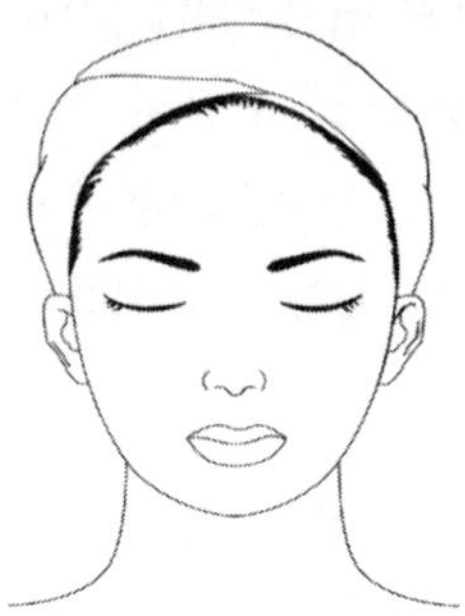		
⑤ 적정시간 방치 후, 아이&립 패드 제거하기	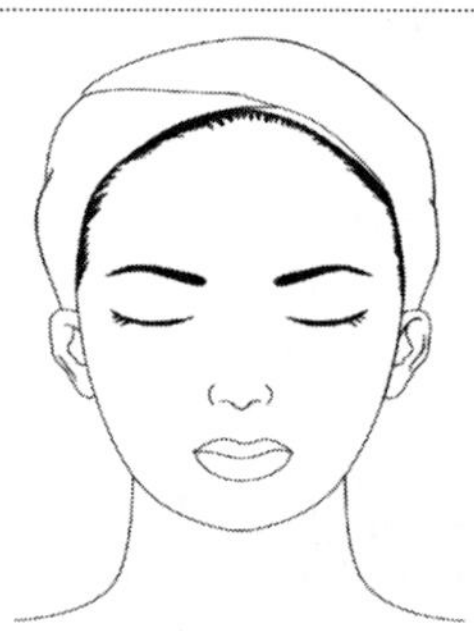		
⑥ 해면으로 닦기	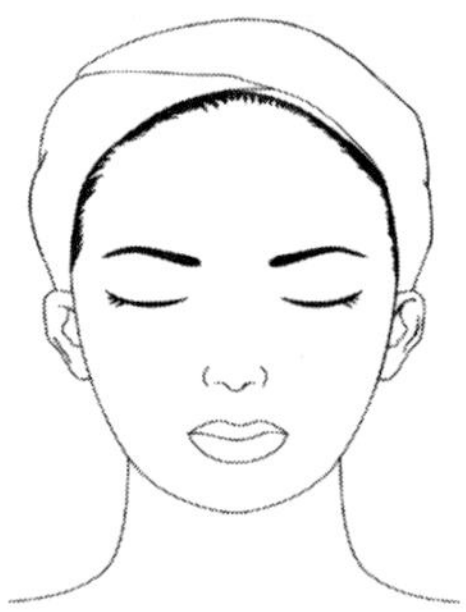		
⑦ 냉습포로 닦기	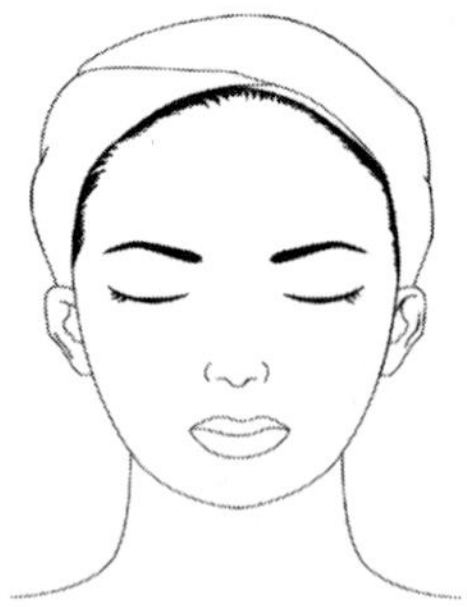		

A.H.A 동작 순서			
동작이름	테크닉 그리기	동작내용	비고
⑧ 토너 바르기	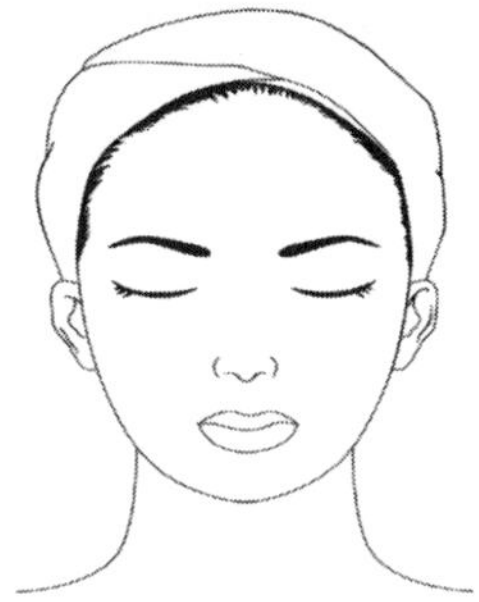		

TiP

물리적 효과 딥클렌징 : 스크럽, 고마쥐
화학적 효과 딥클렌징 : 효소, A.H.A

part 6

매뉴얼 테크닉 (안면마사지)

제1장 매뉴얼 테크닉

노력하는 당신은 아름답습니다.
구민사는 당신의 성공을 응원합니다.

1 매뉴얼 테크닉

(1) 목적

매뉴얼 테크닉(Masssge)은 그리스어 'Masso'에서 유래된 '문지르다', 'Massein'에서 '반죽하다'라는 뜻으로 근육조직을 쓰다듬기, 마찰하기, 문지르기, 두드리기, 주무르기 등의 행위를 말한다. 화장품을 매개체로 손을 이용하여 피부에 적당한 물리적 자극을 주면서 혈액순환과 신진대사를 촉진하고 피부의 기능을 증진시킨다.

(2) 효과

1) 혈액순환을 향상시켜 산소와 영양공급을 원활하게 한다.

2) 신진대사를 촉진시켜 피부의 기능이 증진된다.

3) 림프순환을 촉진시켜 면역력이 증가된다.

4) 근육이완을 통해 긴장감 및 통증을 완화시킨다.

5) 자율신경계에 영향을 주어 심리적 안정감 및 스트레스 완화 효과가 있다.

6) 피부표면에 온도를 상승시켜 노폐물 배출을 돕는 작용을 한다.

7) 피부를 유연하게 하고 근육톤을 향상시킨다.

8) 피부의 세정작용(피지, 각질, 노폐물 제거)을 도와 피부를 청결하게 한다.

9) 화장품의 유효성분 흡수력이 높아진다.

(3) 금기사항

1) 피곤하거나 생리 중은 피한다.

2) 피부가 심하게 자극되어 있는 경우는 피한다.

3) 외상, 염증, 알러지, 감염성이 있는 피부질환 환자는 피한다.

4) 심장병과 같은 문제가 있거나 고혈압이 있는 경우는 피한다.

5) 부종, 정맥류, 혈우병 등 혈액순환 관련 질병을 가지고 있는 경우는 피한다.

6) 당뇨병 환자, 수술 직후, 임신 중은 피한다.

(4) 주의사항

1) 매뉴얼테크닉

① 적당량의 제품을 사용한다.
② 눈, 코, 입 등에 들어가지 않게 주의한다.
③ 테크닉 방향(연결성), 세기(강도), 속도(리듬감), 밀착감, 압, 지속시간에 유의한다.
④ 너무 현란한 테크닉과 과한 지압은 피한다.
⑤ 피부상태를 고려하여 테크닉 동작을 한다.
⑥ 안에서 바깥방향, 아래에서 위 방향, 말초에서 심장 방향(정맥방향)으로 동작한다.
⑦ 처음과 마지막 테크닉은 쓰다듬기를 한다.
⑧ 테크닉 시 시행하지 않는 부위는 타월로 덮어 보호하도록 한다.
⑨ 테크닉 중 한손은 반드시 고객의 피부에 있어야 한다.
⑩ 테크닉 후 화장품 잔여물이 남아있지 않게 깨끗하게 제거한다.

2) 실내 분위기

① 주변 환경은 조용하고, 편안한 상태로 휴식을 위할 수 있도록 한다.
② 관리실이 따뜻하고, 청결한 상태로 쾌적한 공간이어야 한다.
③ 조명이 너무 밝거나 어둡게 하지 않는다.
④ 계절에 맞는 담요, 타월 등 마사지 베드가 준비되어야 한다.
⑤ 잔잔하고 클래식한 음악을 조용히 틀어놓는다.
⑥ 모든 관리제품은 미리 준비되어 있어야 한다.

3) 관리사

① 관리사의 손은 반드시 소독을 하고 너무 차갑지 않게 관리한다.
② 장신구(반지, 팔찌, 귀걸이 등)는 관리 전 제거한다.
③ 손톱을 짧아야 하며 네일 팔리쉬를 바르지 않고 청결해야 한다.
④ 손님과 간격은 20~30cm 정도 유지하며, 구취나 액취가 유의한다.
⑤ 유니폼은 청결하게 하고, 향수나 메이크업을 너무 진하게 하지 않는다.
⑥ 긴 헤어는 밴드나 핀으로 고정하여 단정하게 한다.
⑦ 관리 중 오고 갈 때 발소리가 나지 않도록 한다.
⑧ 관리는 정성껏 실시한다.

(5) 매뉴얼 테크닉에 미치는 인자

1) 방향

매뉴얼 테크닉 방향은 안에서 바깥방향, 아래에서 위 방향, 말초에서 심장 방향(정맥방향)으로 동작한다. 근육 결 방향으로 동작하면 주름을 예방할 수 있다(주름은 근육 결 방향과 수직). 내리는 동작은 가볍게 올리는 동작은 끌어 올리듯이 한다.

2) 속도(리듬감)

부드럽고 천천히 시작해서 맥박과 같은 속도로 리듬감 있게 하며 마무리는 천천히 한다. 너무 빠른 동작은 안정감을 줄 수 없다.

3) 세기(강도)

약-강-약으로 압력을 조절한다.

4) 자세

어깨와 허리를 곧게 펀고 팔을 너무 구부리지 않는다. 발은 어깨 넓이만큼 벌리고 체중의 중심을 다리에 준다. 관리사의 올바른 자세는 관리사의 피로를 감소시키고 고객에게 안정감을 준다.

5) 시간

매뉴얼테크닉 지속시간은 10~20분간 실시하는 것이 좋으며, 피부유형이나 상태에 따라 적절한 동작과 반복횟수를 조절한다.

6) 매개체

매뉴얼테크닉의 유연성, 영양물질 흡수와 마찰에 의한 피부자극을 줄이기 위해 사용되는 제품이다. 크림, 오일, 로션, 젤 등을 피부상태에 맞게 선택한다.

(6) 매뉴얼 테크닉을 위한 근육

[그림] 안면근의 전면과 측면

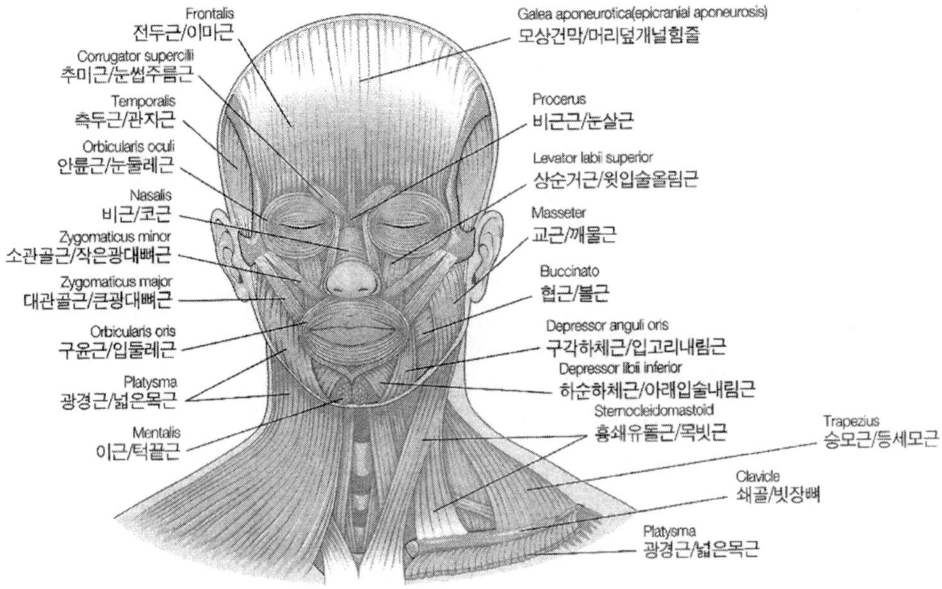

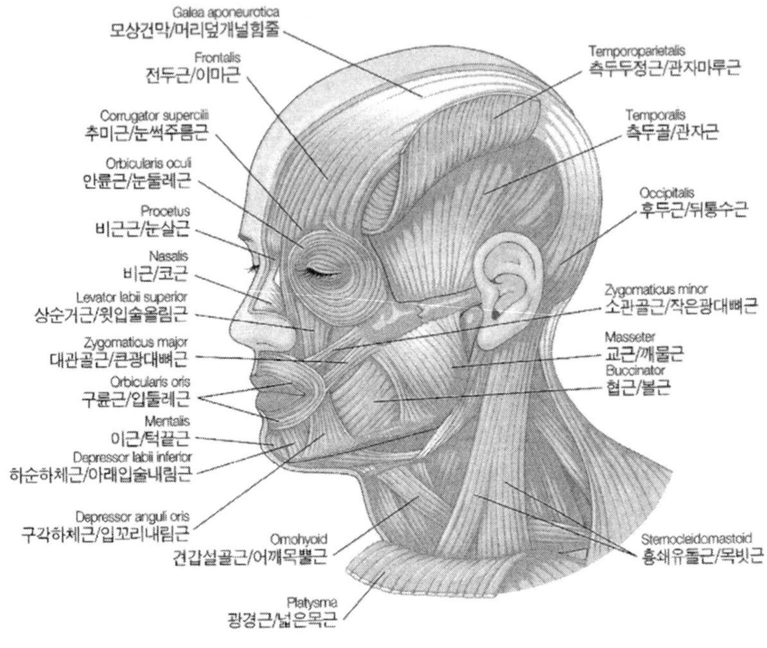

구분	특징
전두근	이마의 주름을 만들고 눈썹을 위로 당기는 기능한다.
측두근	저작근의 하나로 음식을 씹을 때 턱을 움직이게 한다.
추미근	미간에 주름을 만든다.
안륜근	눈을 감거나 뜨게 한다.
비근	코 위 주름을 만들고 비공을 넓히는데 사용한다.
구륜근	입을 다물거나 앞쪽으로 내밀게 한다.
이근	턱을 끌어 올리고 아랫입술을 앞으로 내민다.
소관골근	윗입술을 들어 올린다.
대관골근	입술 끝을 올리거나 웃게 한다.
구각거근	입술 끝을 올린다.
구각하제근	입술 끝을 내린다.
상순거근	윗 입술을 올린다.
하순하제근	아랫 입술을 내린다.
광경근	목 주름을 만든다.
흉쇄유돌근	얼굴을 반대로 돌리며, 턱을 올리거나 내린다.
협근	입안의 압력을 유지하고 성난 표정을 만든다.
교근	저작근(측두근, 교근, 내익돌근, 외익돌근)의 하나로 음식을 씹는 작용, 아래턱을 올린다.

(7) 매뉴얼 테크닉을 위한 혈 부위

[그림] **안면 혈**

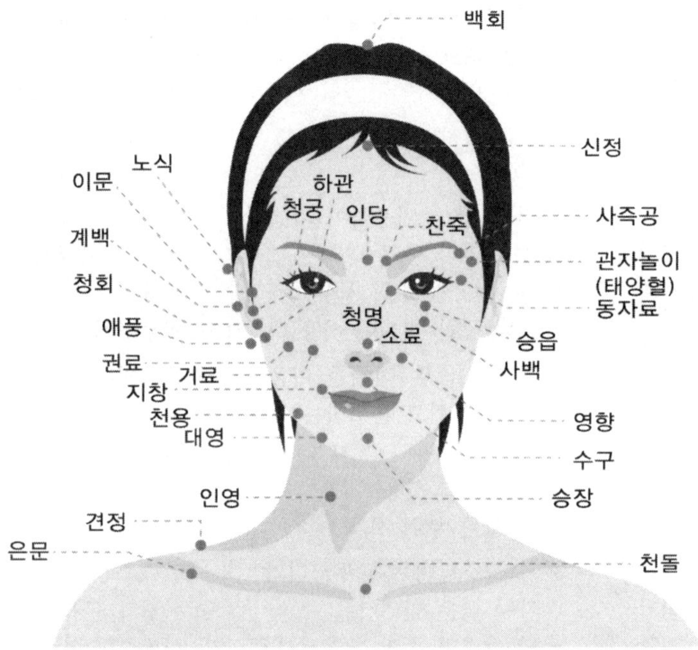

(8) 매뉴얼 테크닉의 종류

기본동작		방법	효과
경찰법 (Effeurage)	쓰다듬기	- 손가락과 손바닥 전체를 이용하여 부드럽게 피부를 쓰다듬기 - 매뉴얼 테크닉의 시작과 마무리 동작에 사용	- 근육이완 - 심리적 안정, 진정, 긴장완화 - 림프 및 혈액순환 촉진 - 부종감소 - 노화각질 제거
강찰법 (Friction)	문지르기 마찰하기	- 손가락 끝을 이용하여 가볍게 원을 그리며 문지르기 - 이마, 눈, 입 주위 사용 - 테크닉 중간 부분에 사용	- 신진대사 촉진 - 피지선 자극으로 노폐물 제거 - 피부조직 유연
유연법 (Petrissage)	주무르기 반죽하기	- 피부조직을 손 전체를 이용하여 강하게 쥐고 풀고하는 주무르기 - 턱, 볼 부위 사용 - 신체 모든 부위 사용	- 근육이완으로 통증 완화 - 피부 및 근육 탄력 증대 - 림프 및 혈액 순환 증대
고타법 (Tapotment)	두드리기	- 손가락으로 빠르게 두드리기 - 손가락 끝은 안면사용 - 손의 측면과 주먹은 전신사용	- 탄력증진 - 신경과 근육에 자극 - 혈액순환
진동법 (Vibration)	떨어주기	- 손 전체 또는 손가락으로 고른 진동하기 - 손가락으로 안면사용 - 다리나 팔을 흔들어 주는 동작 사용	- 신경자극 - 긴장이완 - 혈액순환 - 시원한 느낌

(9) 매뉴얼 테크닉

1) 도포 동작 순서

① 손 소독하기

손을 소독한 후에 마사지 크림을 유리볼에 적당량을 덜어 놓기

② 마사지 크림 얼굴에 올리기

손바닥에 크림을 조금 덜어 비벼 준 후 이마, 볼, 코, 턱 , 목, 데콜테에 마사지 크림을 올리기

③ 데콜테 교대로 쓰다듬기

양손바닥을 번갈아 이용하여 데콜테를 가로방향으로 도포하기(4회)

④ 목 교대로 쓸어 올리기

양손바닥을 번갈아 이용하여 목을 가로방향으로 도포하기(4회)

⑤ 턱 교대로 쓰다듬기

양손바닥을 번갈아 이용하여 턱에서 귀 방향으로 도포하기(4회)

⑥ 볼 원 그리기

양손바닥을 동시에 이용하여 볼은 원을 그리듯이 도포하기(4회)

⑦ 콧등 쓰다듬기

양손가락을 번갈아 이용하여 코를 쓸어 올리듯이 도포하기(4회)

⑧ 이마 교대로 쓰다듬기

양손바닥을 번갈아 이용하여 이마를 가로방향으로 도포하기(4회)

⑨ 입, 코, 눈 주위 문지르기

얼굴 옆선타고 내려와 입 주위, 코 주위, 눈 주위를 문지르기(4회)

⑩ 도포 마무리 하기

이마, 관자놀이를 지나서 턱을 감싸며 귀에서 마무리 한다(1회).

도포 동작 순서			
동작이름	테크닉 그리기	동작내용	비고
① 손 소독하기	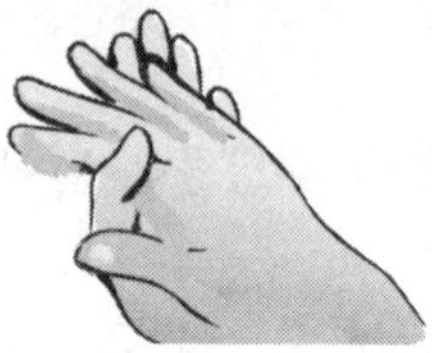		
② 마사지 크림 얼굴에 올리기	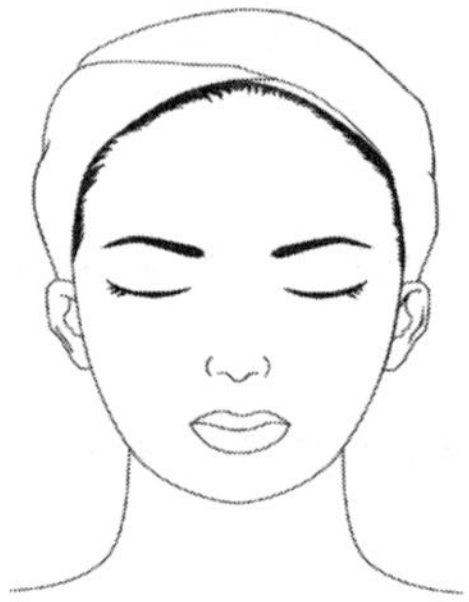		
③ 데콜테 교대로 쓰다듬기	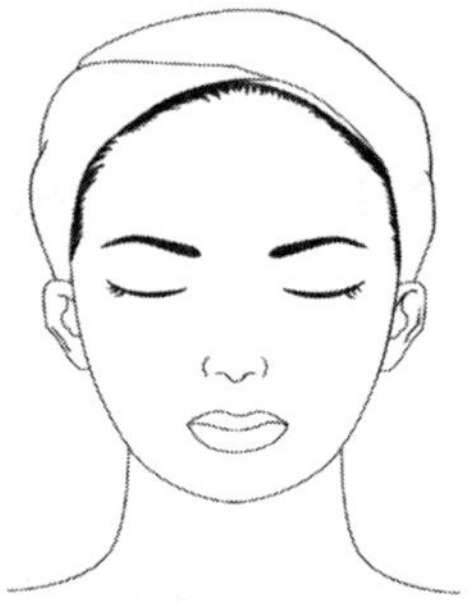		
④ 목 교대로 쓸어 올리기	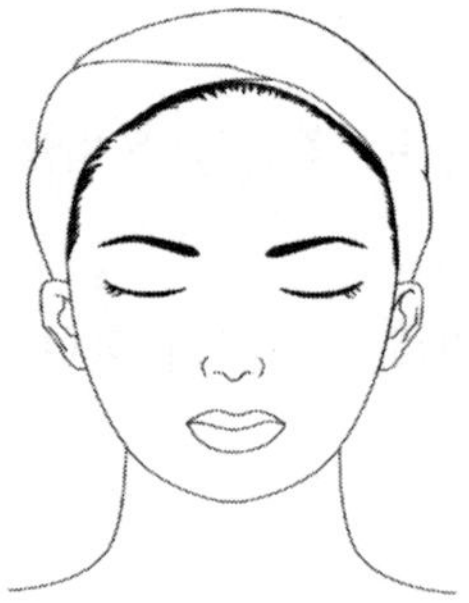		

도포 동작 순서			
동작이름	테크닉 그리기	동작내용	비고
⑤ 턱 교대로 쓰다듬기	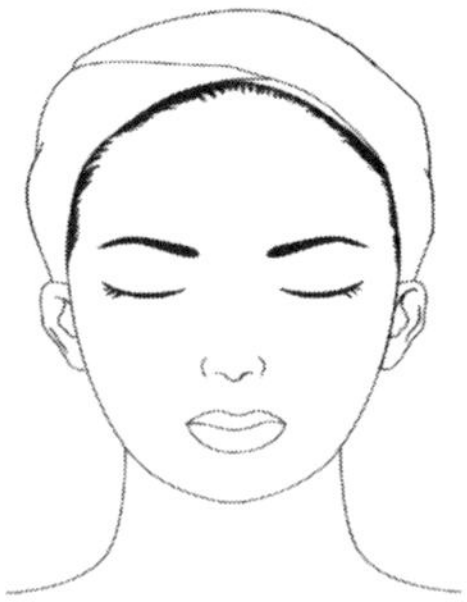		
⑥ 볼 원 그리기	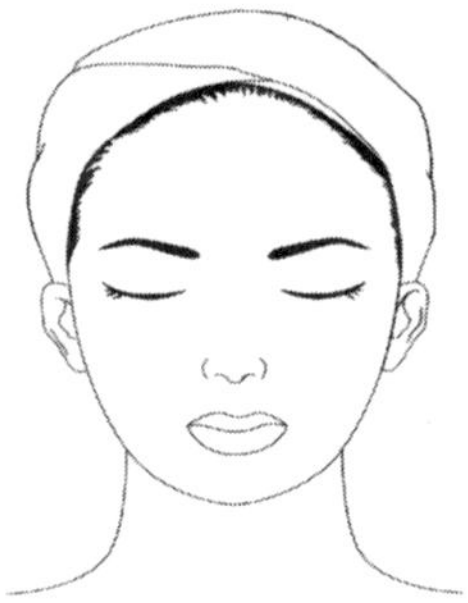		
⑦ 콧등 쓰다듬기	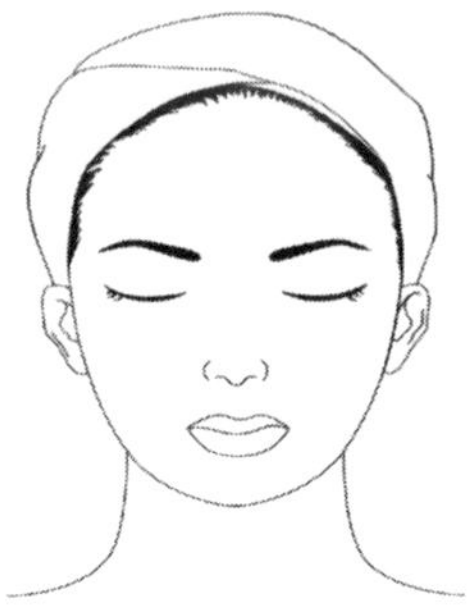		
⑧ 이마 교대로 쓰다듬기	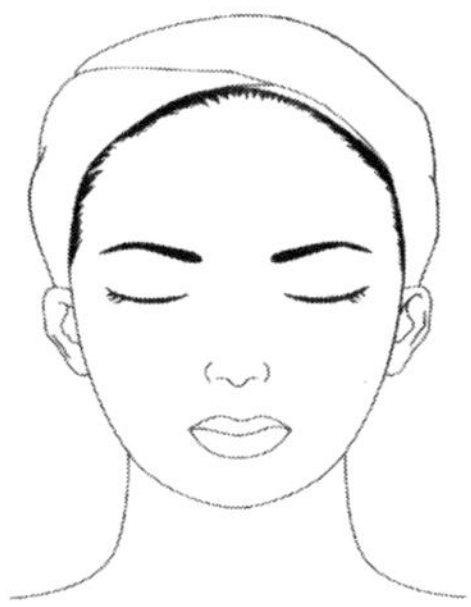		

도포 동작 순서			
동작이름	테크닉 그리기	동작내용	비고
⑨ 입, 코, 눈 주위 문지르기	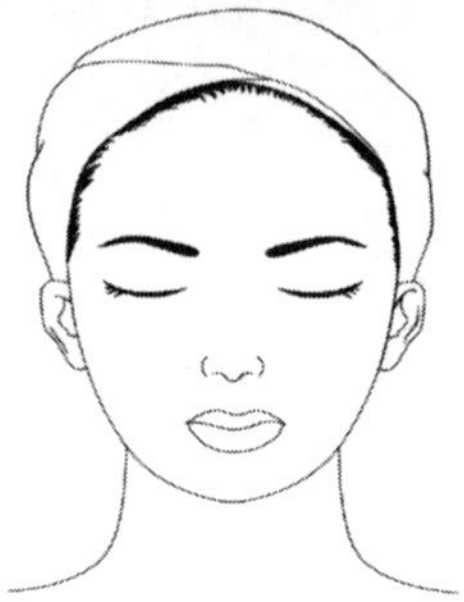		
⑩ 도포 마무리 하기	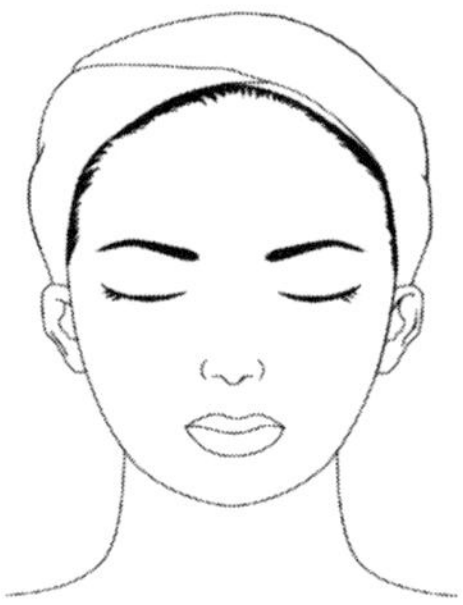		

2) 매뉴얼 테크닉 순서(*기본 3회 동작 반복하기)

[데콜테]

① 양손을 동시에 쓰다듬기
가슴 중앙에 양손을 붙이고 천천히 액와 지나서 어깨 돌아 풍지 지압하기

② 교대로 쓰다듬기
양손을 교대로 데콜테 쓰다듬기 한 후 풍지 지압하기

③ 물결모양 마찰하기
양손 교대로 물결모양으로 마찰하기

④ 나선형 문지르기
양손 교대로 나선형으로 문지르기

⑤ 대흉근 반죽하기
양손으로 오른쪽, 왼쪽 대흉근 반죽하기

⑥ 승모근 반죽하기
양손 엄지와 검지 사이에 승모근을 잡고 반죽하기

⑦ 측경부 문지르기
주먹을 가볍게 쥐고 목 측면 나선형으로 문지르기 한 후, 위 아래로 쓰다듬기

⑧ 양손을 동시에 쓰다듬기
가슴 중앙에 양손을 붙이고 천천히 액와 지나서 어깨 돌아 풍지 지압하기

데콜테 테크닉 순서			
동작이름	테크닉 그리기	동작내용	비고
① 양손을 동시에 쓰다듬기			
② 교대로 쓰다듬기	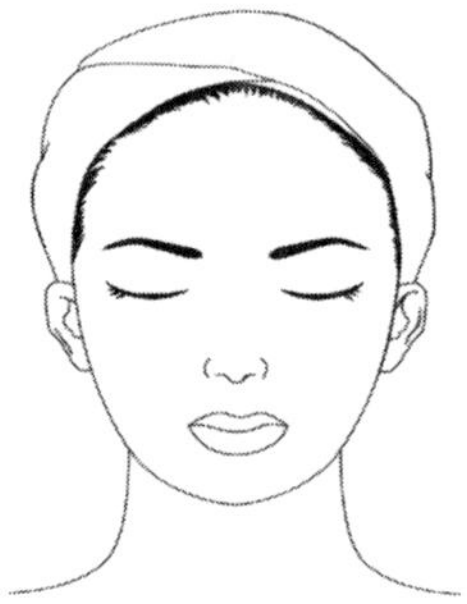		
③ 물결모양 마찰하기	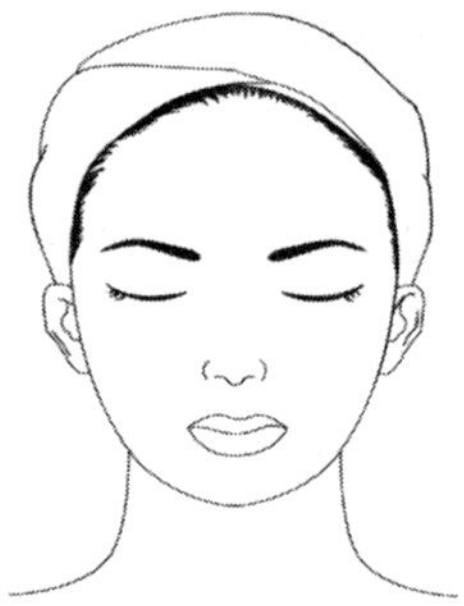		
④ 나선형 문지르기	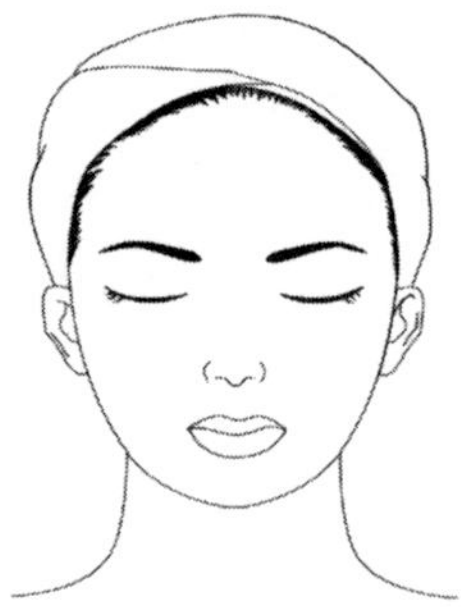		

데콜테 테크닉 순서			
동작이름	테크닉 그리기	동작내용	비고
⑤ 대흉근 반죽하기	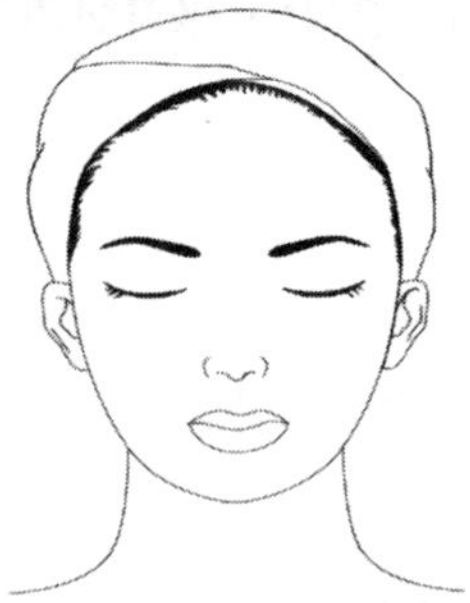		
⑥ 승모근 반죽하기	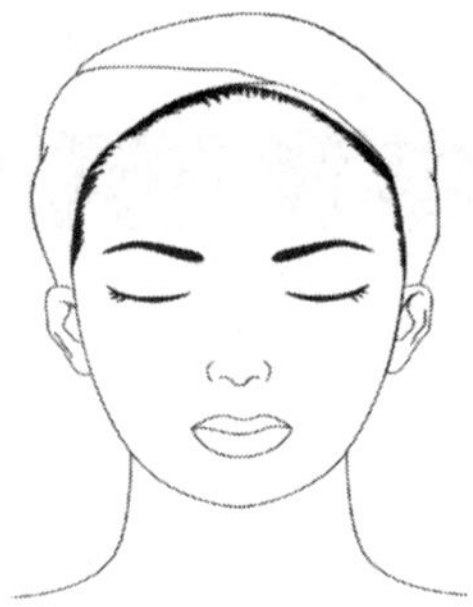		
⑦ 측경부 문지르기	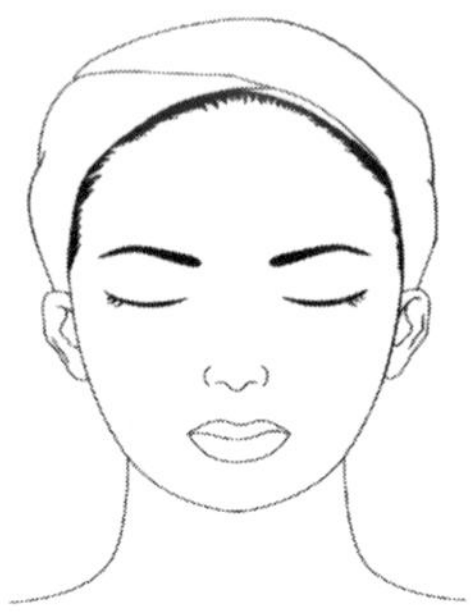		
⑧ 양손을 동시에 쓰다듬기	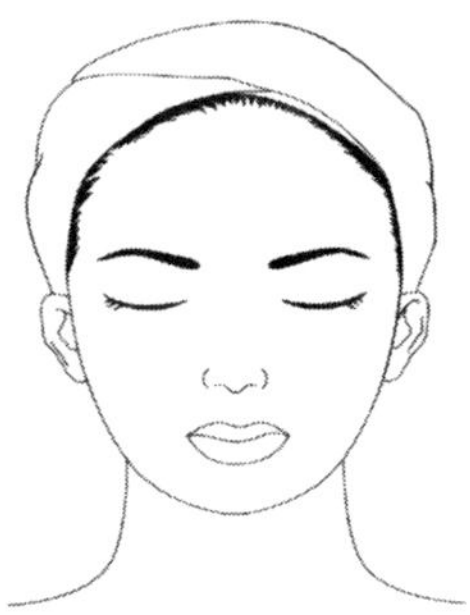		

[목]

① 턱 감싸서 목 타원형으로 쓰다듬기

양손 교대로 귀밑에서 시작해서 목 중앙을 감싸며 쓰다듬기

② 목 가로방향 쓰다듬기

양손 교대로 밀착하여 쓰다듬기

③ 목 세로방향 쓰다듬기

오른쪽에서 왼쪽으로 다시 중앙까지 세로방향 쓰다듬기

④ 목 3등분 나선형 문지르기

양손 동시에 목 3등분하여 나선형으로 문지르기

목 테크닉 순서			
동작이름	테크닉 그리기	동작내용	비고
① 턱 감싸서 목 타원형으로 쓰다듬기	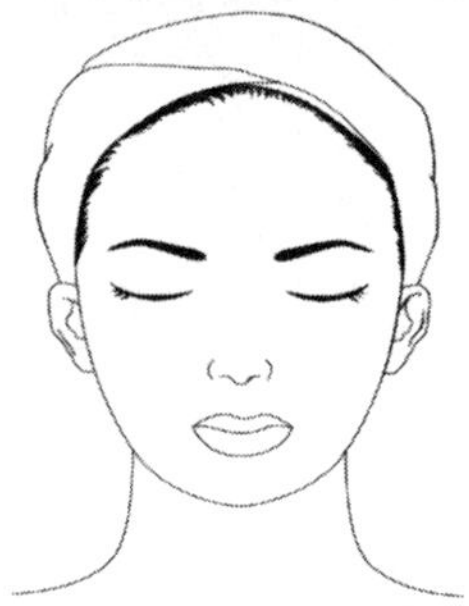		
② 목 가로방향 쓰다듬기	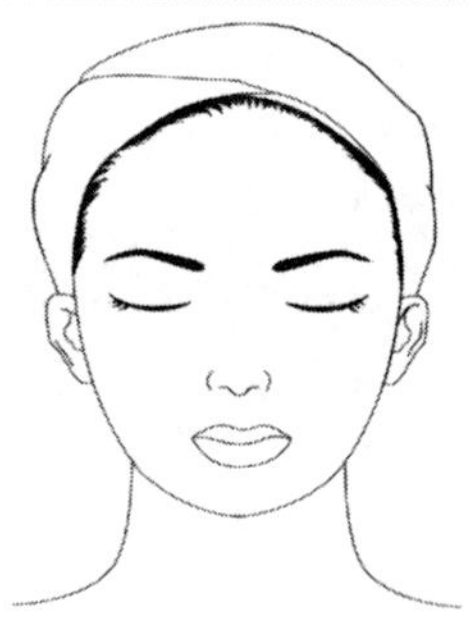		

목 테크닉 순서			
동작이름	테크닉 그리기	동작내용	비고
③ 목 세로방향 쓰다듬기	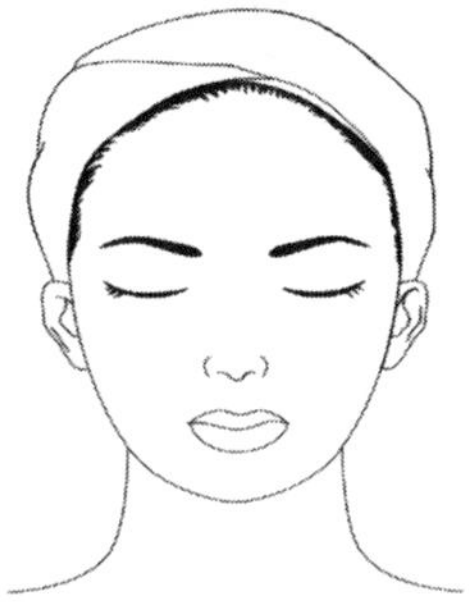		
④ 목 3등분 나선형 문지르기	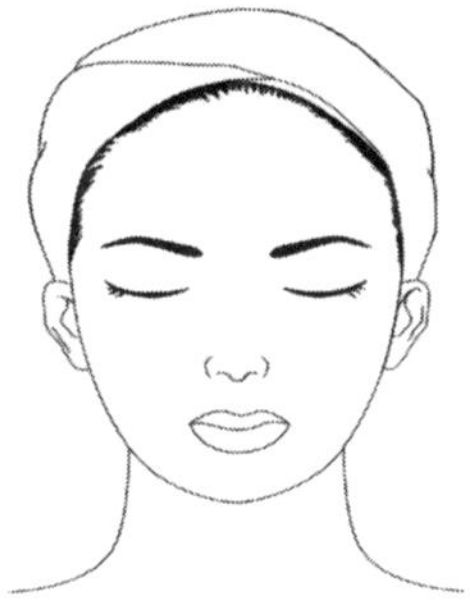		

[턱]

① 턱선 쓰다듬기

2, 3지를 턱선에 끼우고 교대로 귀밑 방향으로 쓰다듬기

② 턱선 문지르기

턱선 중앙에서 나선형을 그리며 귀밑 방향으로 문지르기

③ 턱 부위 반죽하기

턱선 중앙에서 엄지손을 이용하여 반죽하기

④ 양손 교대로 턱선 쓰다듬기

턱선 중앙에서 귀밑 방향으로 교대로 쓰다듬기

턱 테크닉 순서			
동작이름	테크닉 그리기	동작내용	비고
① 턱선 쓰다듬기	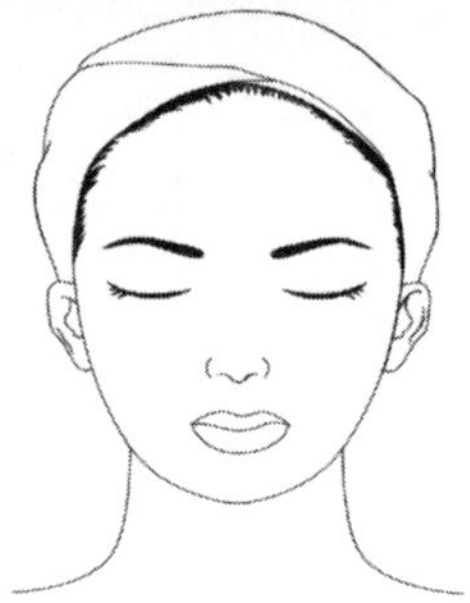		
② 턱선 문지르기	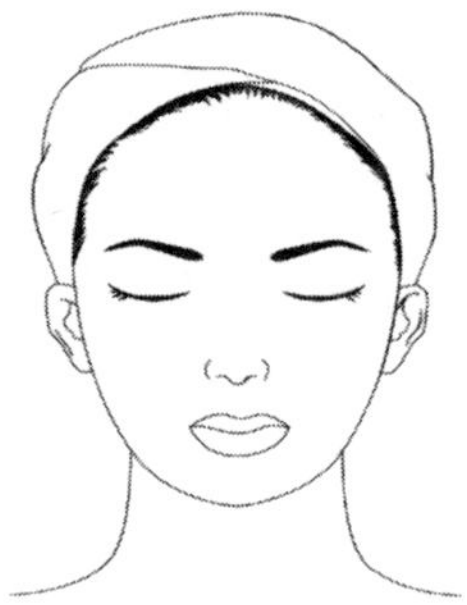		
③ 턱 부위 반죽하기	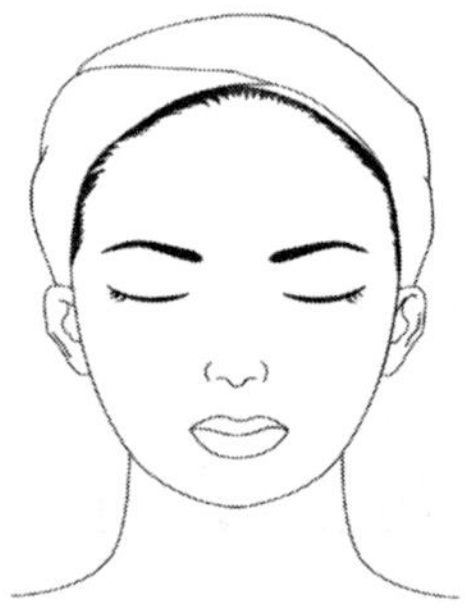		
④ 양손 교대로 턱선 쓰다듬기	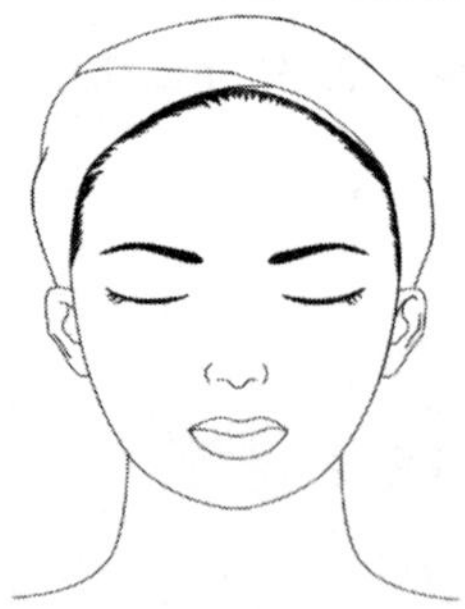		

[입술]

① 입 주위 반원 그리기

2, 3, 4지는 턱선에 고정 후 엄지로 입 주위 반원 그리며 문지르기

② 입 주위 나선형 그리기

2, 3, 4지는 턱선에 고정 후 엄지로 입 주위 나선형 그리며 문지르기

③ 입 꼬리 8자 그리기

양 엄지 깍지 끼고 3, 4지로 입 꼬리 8자 그리기

④ 입 주위 쓰다듬기

2지(인중), 3지(승장) 벌려 양손 교대로 쓰다듬기

입술 테크닉 순서

동작이름	테크닉 그리기	동작내용	비고
① 입 주위 반원 그리기	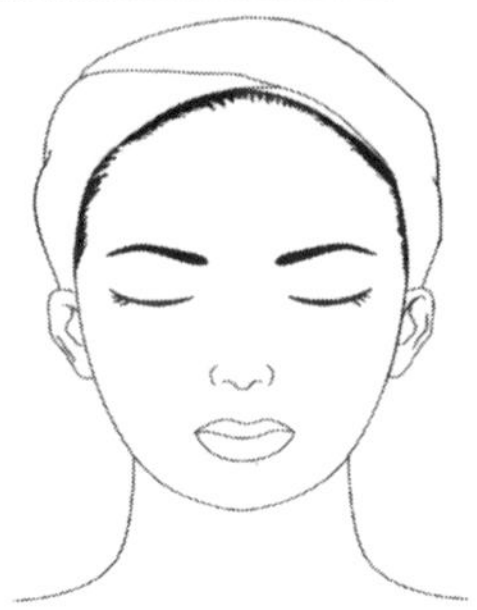		
② 입 주위 나선형 그리기	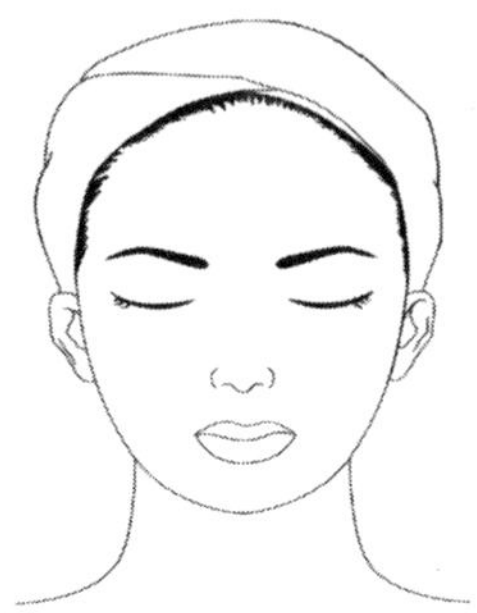		

입술 테크닉 순서			
동작이름	테크닉 그리기	동작내용	비고
③ 입 꼬리 8자 그리기	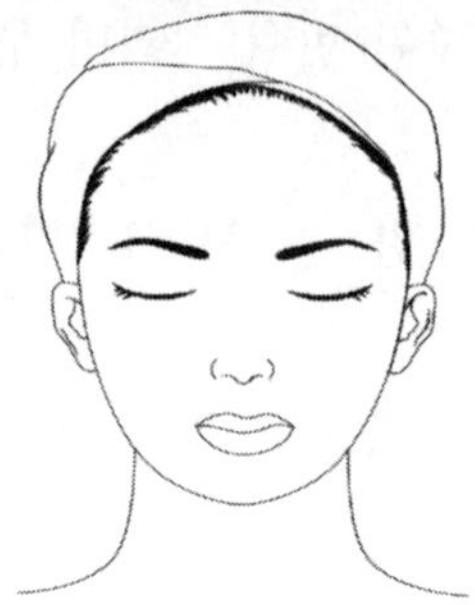		
④ 입 주위 쓰다듬기	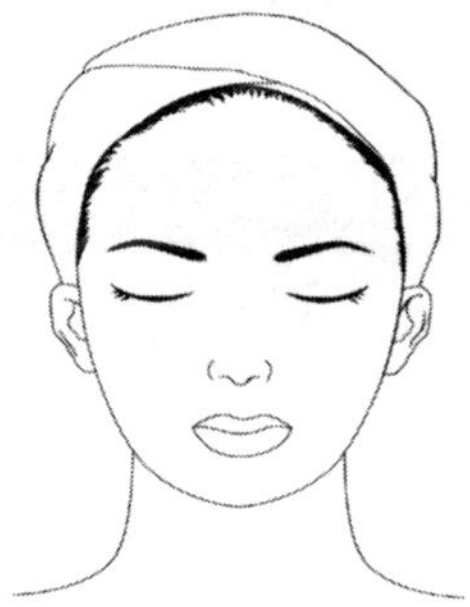		

[팔자주름]

① 팔자주름 부위 쓸어 올리기

양 엄지 깍지 끼고 3, 4지로 입 꼬리에서 콧망울까지 쓸어 올리기

② 팔자주름 부위 나선형 문지르기

양 엄지 깍지 끼고 3, 4지로 입 꼬리에서 콧망울까지 나선형 문지르기

팔자주름 테크닉 순서			
동작이름	테크닉 그리기	동작내용	비고
① 팔자주름 부위 쓸어 올리기	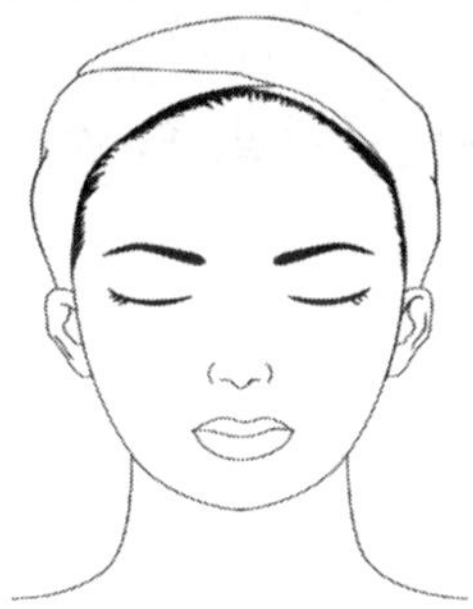		
② 팔자주름 부위 나선형 문지르기	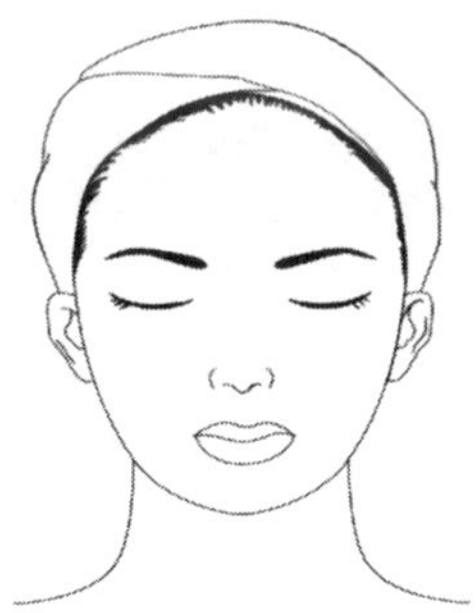		

[볼]

① 볼 전체 문지르기

양손바닥 동시에 큰 원을 그리며 문지르기

② 볼 3등분 나선형 문지르기

양손 3, 4지로 볼 3등분(턱 – 귀밑, 입 꼬리 – 귀 중앙, 코 옆 – 관자) 나선형 문지르기

③ 볼 진동하기

양손가락 동시에 볼 진동하기 한 후, 한손씩 번갈아 교대로 진동하기

④ 볼 3등분 쓸어주기

양손 교대로 오른쪽 볼, 왼쪽 볼 3등분(턱 – 귀밑, 입 꼬리 – 귀 중앙, 코 옆 – 관자)쓸어 올리기

⑤ 볼 3등분 집어주기

양손 1, 3지로 볼 3등분 집어주기

⑥ 볼 3등분 두드리기

양손가락으로 피아노 치듯 두드리기

볼 테크닉 순서			
동작이름	테크닉 그리기	동작내용	비고
① 볼 전체 문지르기	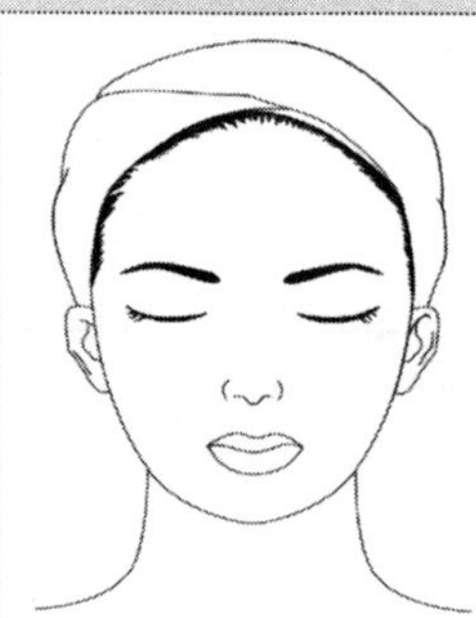		
② 볼 3등분 나선형 문지르기	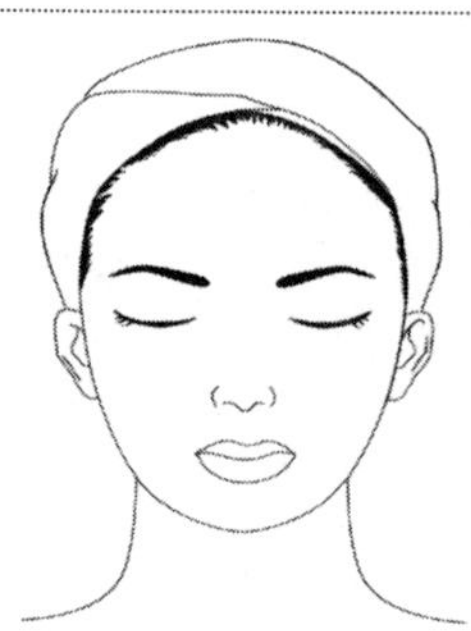		

볼 테크닉 순서			
동작이름	테크닉 그리기	동작내용	비고
③ 볼 진동하기	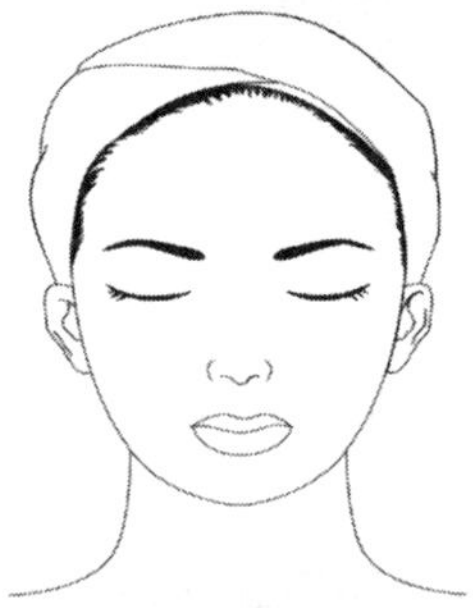		
④ 볼 3등분 쓸어주기	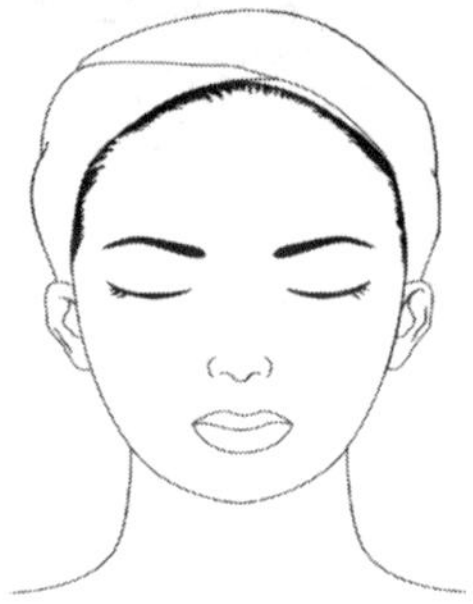		
⑤ 볼 3등분 집어주기	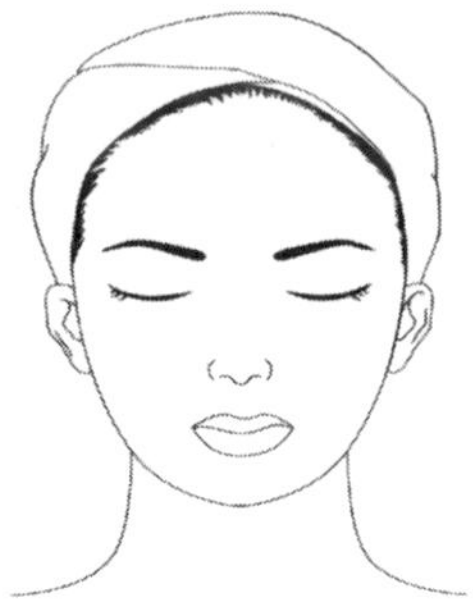		
⑥ 볼 3등분 두드리기	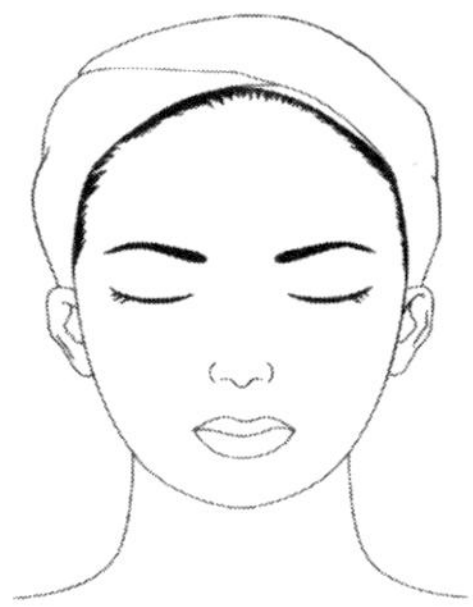		

[코]

① 콧등 쓰다듬기

양손 중지를 겹쳐 콧등을 미간부위까지 쓰다듬기

② 영향점, 콧망울 문지르기

양손 중지로 영향점, 콧망울 둥글게 문지르기

③ 코 벽 8자로 문지르기

양 엄지를 깍지 긴 후, 중지로 8자 그리며 문지르기

코 테크닉 순서			
동작이름	테크닉 그리기	동작내용	비고
① 콧등 쓰다듬기	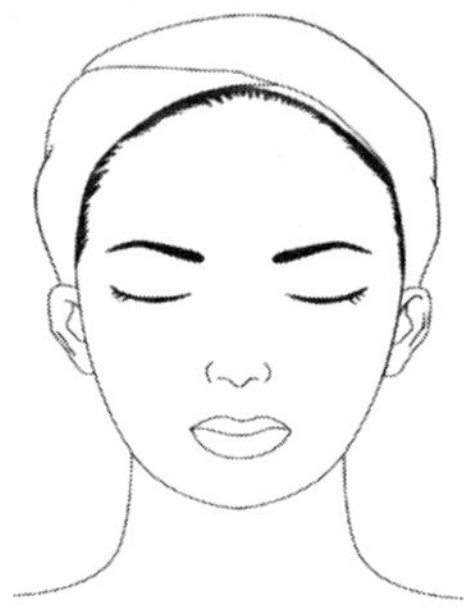		
② 영향점, 콧망울 문지르기	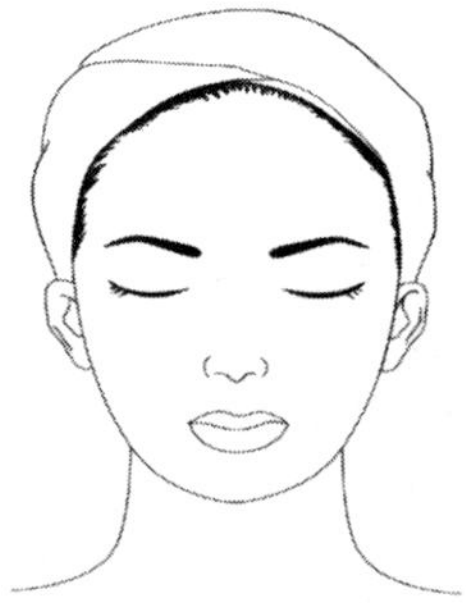		
③ 코 벽 8자로 문지르기	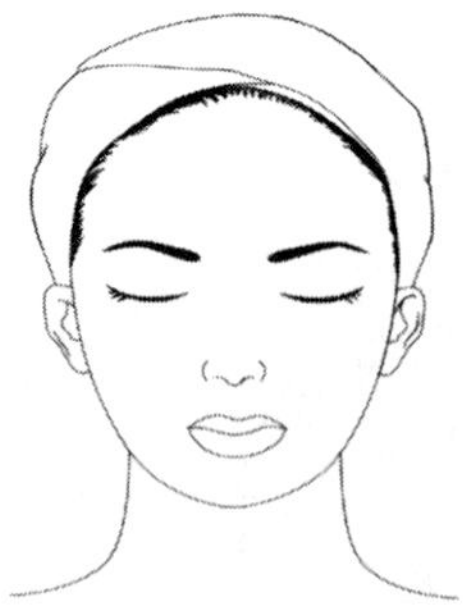		

[눈]

① 눈 주위 원 그리기

양손 중지로 눈 밑 돌아 원 그리기

② 눈 꼬리 8자 그리기

양손 중지로 눈 꼬리 8자 그리기

③ 눈 주위 8자 그리기

한 손은 고정 다른 한손으로 눈 밑 지나 반대 눈썹 지나 크게 8자 그리기

④ 눈썹 집어주기

엄지, 중지로 눈썹 3등분하여 집어주기

눈 테크닉 순서			
동작이름	테크닉 그리기	동작내용	비고
① 눈 주위 원 그리기	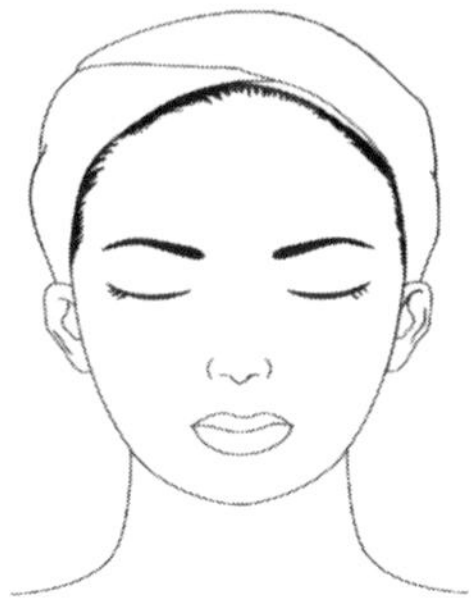		
② 눈 꼬리 8자 그리기	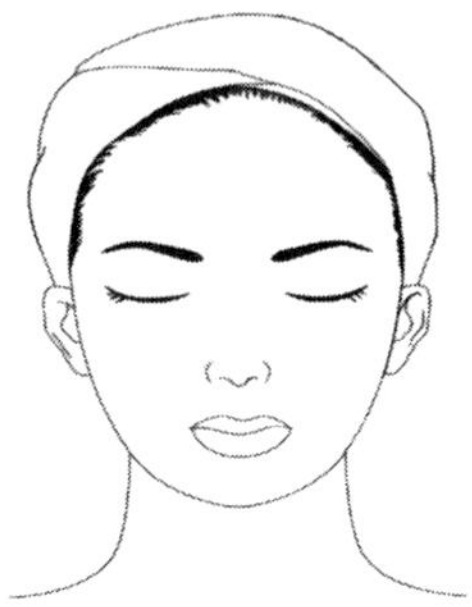		

눈 테크닉 순서

동작이름	테크닉 그리기	동작내용	비고
③ 눈 주위 8자 그리기	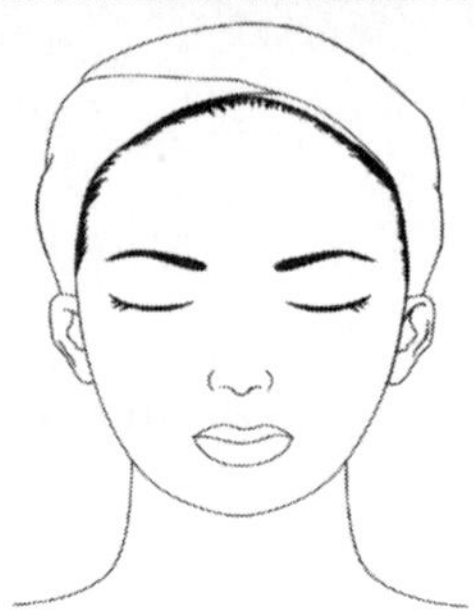		
④ 눈썹 집어주기	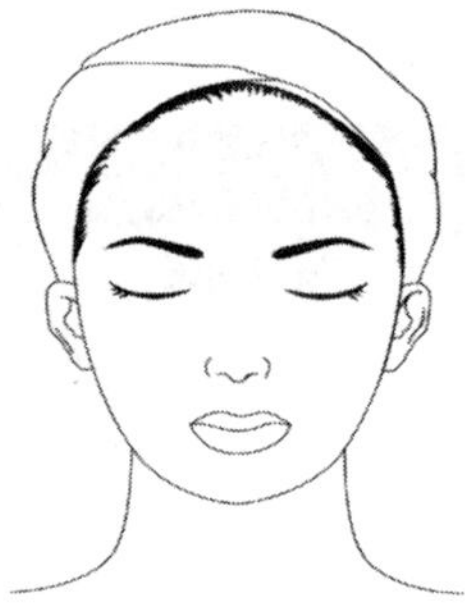		

[이마]

① 이마 가로방향 쓰다듬기

양손 교대로 밀착하여 쓰다듬기

② 이마 세로방향 쓰다듬기

오른쪽에서 왼쪽으로 다시 중앙까지 세로방향 쓰다듬기

③ 이마 3등분 나선형 문지르기

양손 3, 4지로 동시에 이마 3등분하여 나선형으로 문지르기

④ 미간 나선형 문지르기

왼손 2, 3지로 미간 텐션 준 후, 오른손 3, 4지로 나선형으로 문지르기

⑤ 미간 X로 쓰다듬기

미간을 2, 3, 4지로 교대로 쓰다듬기

이마 테크닉 순서			
동작이름	테크닉 그리기	동작내용	비고
① 이마 가로방향 쓰다듬기	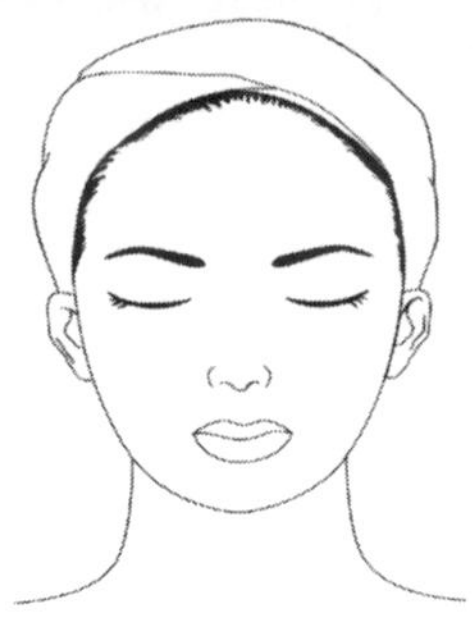		
② 이마 세로방향 쓰다듬기	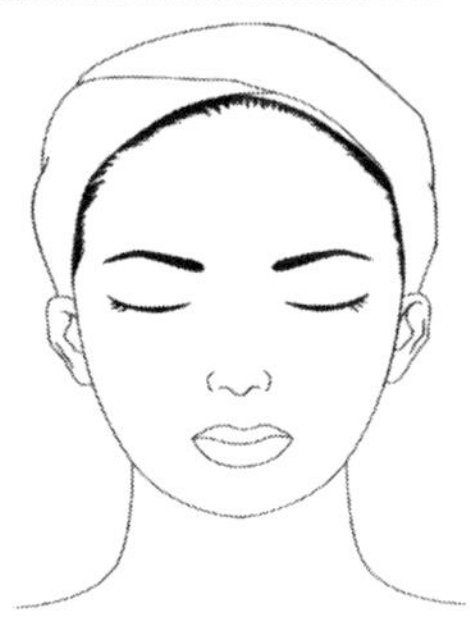		

이마 테크닉 순서			
동작이름	테크닉 그리기	동작내용	비고
③ 이마 3등분 나선형 문지르기	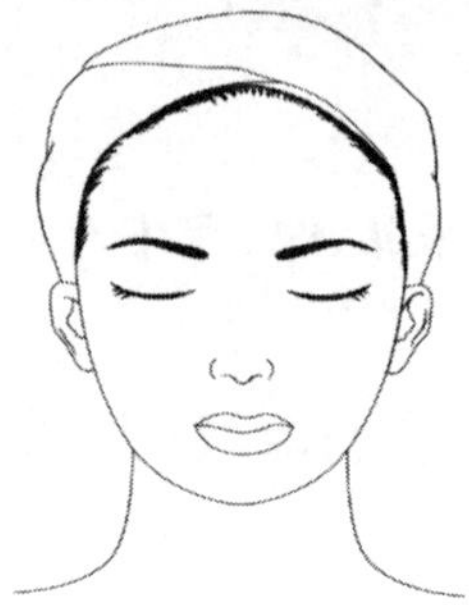		
④ 미간 나선형 문지르기	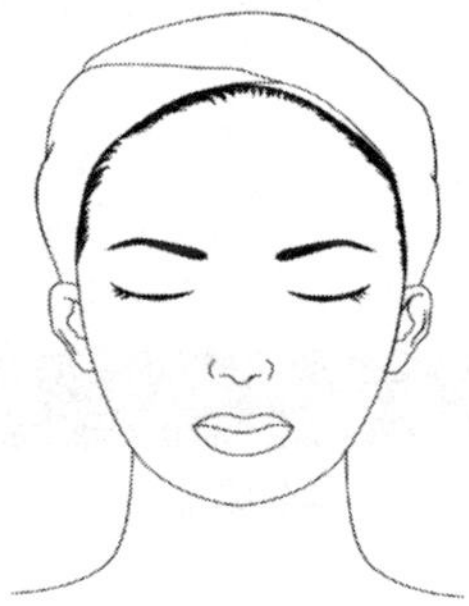		
⑤ 미간 X로 쓰다듬기	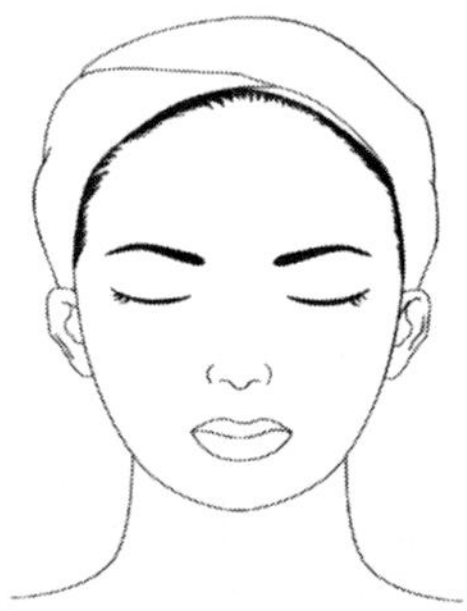		

[전체 동작 및 마무리]

① 전체동작

양손으로 볼 쓸어 올려 이마 2, 3, 4, 5지로 압 주기

② 전체동작

턱선에서 양손 교차하여 얼굴측면, 이마 지나 관자 압 주기

③ 압 주기

승장, 지창, 인중, 영향, 정명, 찬죽, 관자놀이 압 주기

④ 얼굴 전체 쓰다듬기

양손바닥으로 중앙에서 바깥방향으로 얼굴 3등분(이마, 코, 입술)하여 쓰다듬기

⑤ 목, 데콜테 쓰다듬기

양손바닥으로 중앙에서 바깥방향으로 목, 데콜테, 어깨 돌아 귀밑에서 마무리

전체 동작 및 마무리 순서

동작이름	테크닉 그리기	동작내용	비고
① 전체동작 양손으로 볼 쓸어 올려 이마 2, 3, 4, 5지로 압 주기	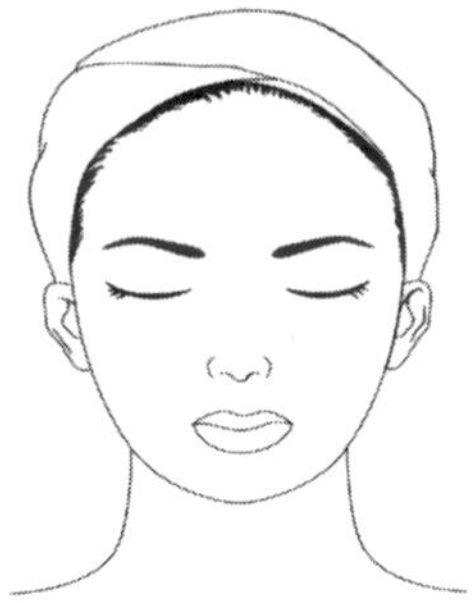		
② 전체동작 턱선에서 양손 교차하여 얼굴측면, 이마 지나 관자 압 주기	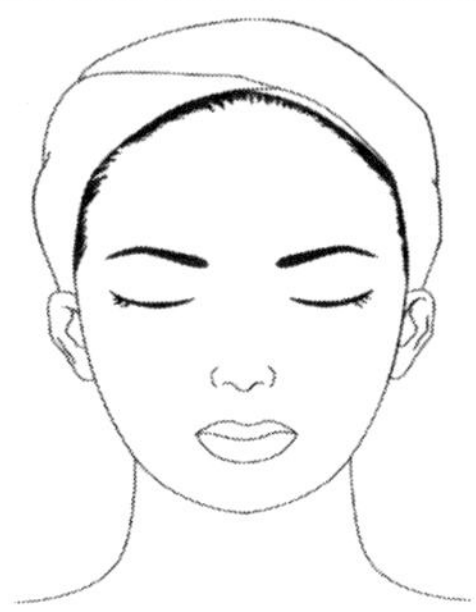		

전체 동작 및 마무리 순서			
동작이름	테크닉 그리기	동작내용	비고
③ 압 주기	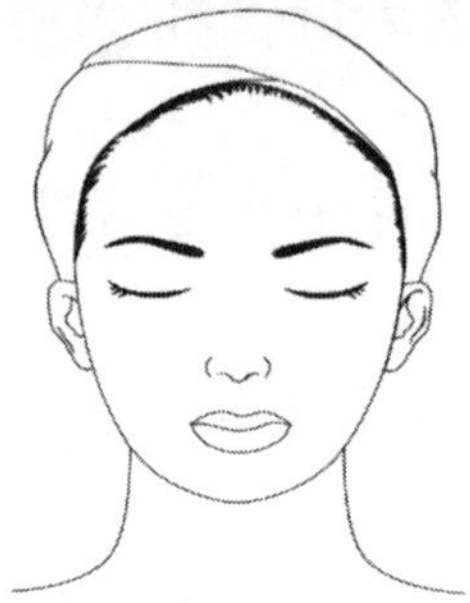		
④ 얼굴 전체 쓰다듬기	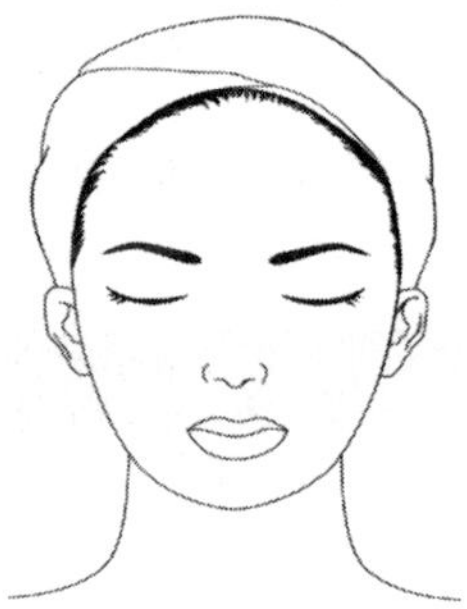		
⑤ 목, 데콜테 쓰다듬기	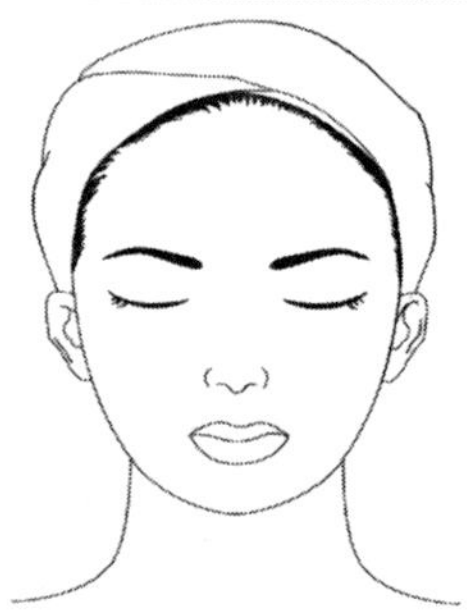		

part 7

팩과 마스크

제1장 팩

제2장 마스크

제3장 팩과 마스크의 차이점

노력하는 당신은 아름답습니다.
구민사는 당신의 성공을 응원합니다.

1 팩

(1) 팩의 목적

팩은 'Package'에서 유래되는 용어로 '둘러싸다', '밀폐시키다'의 의미로 사용된다. 즉, 얼굴을 감싼다는 의미로 피막을 형성시켜 일시적으로 피부를 외기와 차단하여 증발하는 수분을 피막과 표피사이에 정체시켜 피부에 특정 유효 성분을 흡수시키거나 피부를 유연하게 하는 것이다.

(2) 팩의 효과

1) 피부의 혈액순환, 림프순환 촉진

피부에 제품을 바르고 일정시간 지나면 피막이 형성되어 외기와 일시적인 차단으로 피부표면의 온도가 올라가 피부의 혈액 및 림프 순환 효과를 얻을 수 있다.

2) 보습 및 유효성분 침투 효과

피막 형성에 의해 수분증발이 억제되어 보습 효과와 베이스로 사용한 유효성분이 경피흡수 촉진 효과를 얻을 수 있다.

3) 청정효과 및 각질제거 효과

모공이나 피부표면에 남아있는 노폐물을 팩제가 흡착하여 팩 제거 시 노폐물 및 불순물 제거로 청정 효과 및 각질 제거 효과를 얻을 수 있다.

4) 기타

그 외 제품 특성에 따라 진정, 미백, 재생, 순환, 살균, 수렴 등의 효과를 얻을 수 있다.

(3) 사용법 및 주의사항

① 알러지 유무 확인 또는 패치 테스트 후 피부상태에 맞는 팩을 사용한다.
② 눈 주위와 입 주위는 아이&립 크림으로 보호한다.
③ 팩 도포는 손, 브러쉬, 스파튤라를 사용한다.
④ 바르는 순서는 볼, 턱, 코, 이마, 목, 데콜테 순으로 일정한 두께로 바른다.
⑤ 눈썹, 눈 주위, 입술 위는 팩을 피하고 팩 도포 후 아이&립 패드를 적용한다.
⑥ 팩의 적정 시간은 10~30분 정도가 적당하다.
⑦ 민감 부위, 상처 부위는 사용을 피한다.
⑧ 천연 팩의 경우 사용하기 직전 1회분만 만들어 사용한다.
⑨ 한방 팩의 경우 세 가지 이상 섞지 않는다.
⑩ 재료의 혼합 시 각각의 재료의 특성을 잘 파악한 후 사용한다.
⑪ 두 가지 이상의 팩 사용 시 수용성 제품부터 먼저 적용하고 안에서 밖으로 도포한다.

(4) 팩의 종류

1) 제거방법에 따른 분류

구 분	특 징
필 오프 타입 (Peel off Type)	- 건조되면서 얇은 필름막이 만들어지며 이를 떼어내는 팩 - 필름막 제거 시 약간의 자극이 있으며, 노폐물, 각질 세포가 같이 제거되므로 청정효과가 있음 - 예민피부는 피하고 너무 두껍게 바르지 않는다. - 젤라틴 팩 등
워시 오프 타입 (Wash off Type)	- 물로 씻어서 제거하는 팩 - 피부에 자극을 주지 않고 가볍게 제거 가능하고 느낌이 상쾌하다. - 크림, 젤, 클레이, 분말 등
티슈 오프 타입 (Tissue off Type)	- 티슈로 닦아 제거하는 팩 - 보습과 영양효과가 뛰어남 - 크림, 젤

2) 제형에 따른 분류

구 분	특 징
파우더 타입 (Power Type)	- 분말형태 - 분말에 증류수, 화장수 등과 섞어 사용
크림 타입 (Cream Type)	- 유화 형태 - 노화, 건성피부에 효과
젤 타입 (Gel Type)	- 수용성의 젤 형태 - 진정, 보습효과 - 모든 피부 사용가능하나 특히 예민, 지성, 화농성 여드름 피부에 효과
머드타입 (Clay Type)	- 진흙 등을 이용해 만든 점토 형태 - 노폐물 제거 효과 - 지성, 여드름 피부에 효과
종이 타입 (Sheet Type)	- 콜라겐 등의 유효성분을 건조시켜 만든 종이에 증류수, 화장수 등의 용액을 적신 팩 - 콜라겐 벨벳 마스크 등
고무 타입 (Modeling Type)	- 건조해지면서 고무형태로 변함 - 앰플 등 유효성분 침투용이

2 마스크

(1) 석고 마스크

파우더 형태로 화장수, 증류수, 석고용액 등과 섞어 발생하는 열을 이용한다. 열이 상승 시 모공을 확장시켜 피부 속 영양분을 침투시키고 다시 석고가 굳으면서 열이 내려가면 모공을 닫아주어 피부를 정돈시키는 기능을 하는 것이다.

1) 효과

① 온열 및 밀봉 효과로 피부에 영양분을 피부 깊숙이 침투 시킨다.
② 리프팅, 유효성분 흡수, 혈액순환, 노폐물 배출효과가 있다.
③ 노화, 건성피부 및 늘어진 피부에 효과적이다.

2) 적용금지 피부

① 화농성 여드름 피부
② 모세혈관 확장피부, 민감 피부
③ 강한 필링 후 얼굴에 열이 있거나 홍반 등의 현상이 발생 한 경우
④ 피부병, 심장병이 있는 경우

3) 주의사항

① 석고 마스크 사용 전 폐쇄공포증을 확인한다.
② 석고마스크의 두께는 1cm가 적당하다.
③ 물의 온도는 약간 따뜻한 상태가 좋다.
④ 고객이 불편할 경우 수신호를 하라고 알려준다.
⑤ 너무 뜨겁다고 할 경우 마스크를 살짝 들어 준 후 다시 덮는다.
⑥ 마스크 제거 시 석고를 하수구에 버리지 않는다.

4) 사용방법

① 피부상태에 적절한 화장수, 세럼이나 앰플, 아이&립크림을 바른다.
② 석고 베이스 크림을 바른다.
③ 젖은 솜으로 아이&립 패드를 덮는다. (이때 눈썹까지 가리도록 한다.)
④ 머리카락에 석고가 붙지 않도록 머리카락 주변을 티슈로 잘 싼다.
⑤ 숨구멍을 만들어 미리 준비해둔 젖은 거즈를 얼굴에 올린다.
⑥ 석고 파우더와 용액(미지근한 물 210~220cc)과 섞는다.
⑦ 석고가 응고되기 전에 스파튤라를 사용하여 능숙하고 빠르게 바른다.
⑧ 석고 마스크를 일정한 두께로 바른다.
⑨ 일정 시간 경과 후 열이 완전히 식으면 양손을 턱선에 대고 석고 마스크를 가볍게 움직인 후 아래에서 위로 제거한다.
⑩ 해면 사용 후 냉습포로 마무리 한다.
⑪ 화장수, 에센스, 크림, 선크림으로 마무리 한다.

(2) 벨벳 마스크

종이 형태로 벨벳과 같은 감촉을 가지며, 주성분이 콜라겐이다. 수분을 집중 공급하며 피부의 탄력을 증진시키고 모든 피부에 사용가능하다.

1) 효과

① 보습효과가 있다.
② 필링 후 재생관리에 효과적이다.
③ 건성, 노화피부, 여드름 피부에 효과적이다.
④ 잔주름 개선 효과가 있다.

2) 주의사항

① 콜라겐 마스크 사용 전 얼굴의 유분기를 완전히 제거한다.
② 유분기 많은 앰플은 사용을 피한다.
③ 고객 얼굴 위에서 벨벳을 재단하지 않는다.
④ 기포가 생기지 않도록 완전히 밀착한다.
⑤ 밀착 시 마스크가 찢어지지 않도록 한다.
⑥ 콜라겐 제거 후 바로 화장수 단계를 사용할 수 있다.

3) 사용방법

① 벨벳 마스크를 얼굴에 맞게 재단한다.
② 피부상태에 맞는 화장수, 세럼이나 앰플을 바른다.
③ 재단한 콜라겐 벨벳을 얼굴에 대고 증류수 또는 화장수 등을 적신 화장솜 · 브러쉬 · 스프레이 용액을 이용하여 벨벳 마스크를 얼굴에 밀착시킨다.
④ 20~30분간 그대로 둔 다음 제거한다.
⑤ 화장수, 에센스, 크림, 선크림으로 마무리 한다.

(3) 고무 마스크

파우더 형태의 팩제를 증류수에 혼합하여 사용한다. 일정 시간 지난 후 고무처럼 굳어진 다음 제거하는 필 오프 타입이다. 모델링 마스크라고도 하며, 해초에서 추출한 알긴산이 주성분이다.

1) 효과

① 마스크 전 피부에 바른 세럼이나 앰플 등 유효성분의 침투 효과
② 진정효과, 탄력효과, 재생효과
③ 보습효과, 모공수축
④ 피부의 노폐물 제거
⑤ 혈액순환 및 림프순환의 효과
⑥ 눈 주위의 부기를 감소

2) 주의사항

① 제거하기 쉽게 가장자리를 두껍게 바른다.
② 마스크 혼합 시 흘러내리거나 굳지 않도록 농도 조절을 잘 한다.
③ 마스크 도포 시 코를 막지 않는다.
④ 눈, 코, 귀에 들어가지 않도록 한다.
⑤ 마스크 제거 시 고무를 하수구에 버리지 않는다.

3) 사용방법

① 피부상태에 맞는 화장수, 세럼이나 앰플 등을 바른다.
② 머리카락에 고무 마스크가 붙지 않게 머리카락 주변을 티슈로 감싼다.
③ 아이 패드를 덮는다.
④ 고무 파우더를 증류수 · 화장수 등을 이용해 섞는다.
⑤ 고무 마스크가 응고되기 전에 스파튤라를 사용하여 능숙하고 신속하게 바른다.
⑥ 20~30분간 그대로 둔 다음 고무 마스크를 아래에서 위로 제거한다.
⑦ 해면 사용 후 냉습포로 마무리 한다.
⑧ 화장수, 에센스, 크림, 선크림으로 마무리 한다.

(4) 파라핀 마스크

왁스 파라핀, 스테아릴 알코올, 에틸 알코올 등의 혼합으로 만들어진 마스크이다.

1) 효과 및 주의사항

① 영양분의 피부흡수를 높이고 이로 인해 피부의 보습력과 탄력성이 증가된다.

② 불순물 배출효과가 있다.

③ 중성, 노화피부, 건성피부에 효과적이나 민감성 피부나 모세혈관 확장 피부 등에는 적용하지 않는다.

2) 사용방법

① 피부상태에 맞는 세럼이나 영양분을 바른다.

② 눈썹에 크림을 두껍게 바른다.

③ 아이 패드를 덮는다.

④ 거즈를 올린다.

⑤ 파라핀 왁스를 바른다.

⑥ 완전히 응고 되면 주걱을 이용하여 제거한다.

⑦ 시술방법은 석고 마스크와 비슷하다.

3 팩과 마스크의 차이점

(1) 팩과 마스크의 차이점

구분	팩	마스크
특징	바른 후에 굳어지지 않으며 공기가 통과	바른 후에 딱딱하게 굳어져 공기를 차단
효능	- 유효성분 침투 - 보습효과 - 죽은 각질 제거효과	- 유효성분 침투 - 혈액순환 - 신진대사 - 피부온도상승
종류	- 크림, 로션, 겔 팩 - 파우더팩 - 천연팩 - 한방팩 - 머드팩 - 효소팩	- 석고마스크 - 고무마스크 - 벨벳마스크 - 파라핀마스크

(2) 팩 관리 절차

팩 관리 절차			
동작이름	테크닉 그리기	동작내용	비고
① 피부유형에 알맞은 크림팩을 선택하여 유리볼에 덜어낸다.	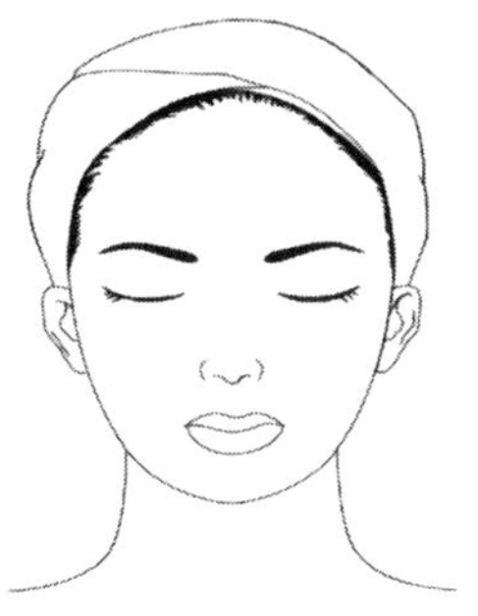		

팩 관리 절차			
동작이름	테크닉 그리기	동작내용	비고
② 손 소독을 한다.	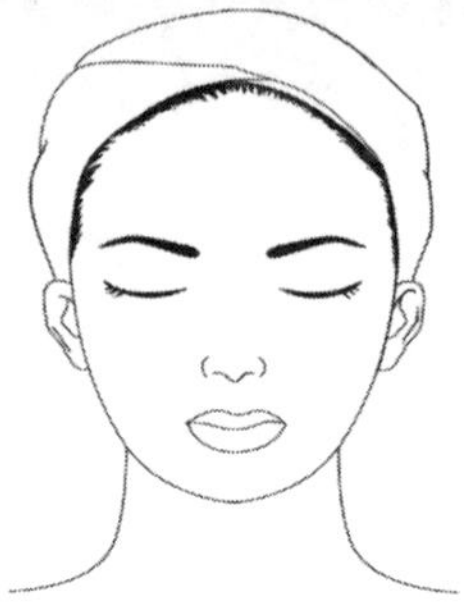		
③ 아이크림, 립크림을 스파튤라에 덜어 눈 주위와 입술에 펴 바른다.	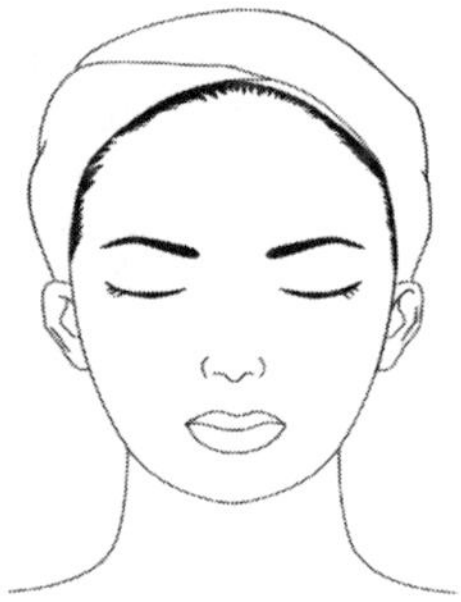		
④ 일반적으로 팩 붓을 이용해 뺨, 턱, 코, 이마, 목, 쇄골 밑 3cm 순서로 바르고 얼굴의 중심부에서 바깥쪽 방향으로 바르며, 눈썹, 눈 주위, 입술부위는 되도록 바르지 않는다.	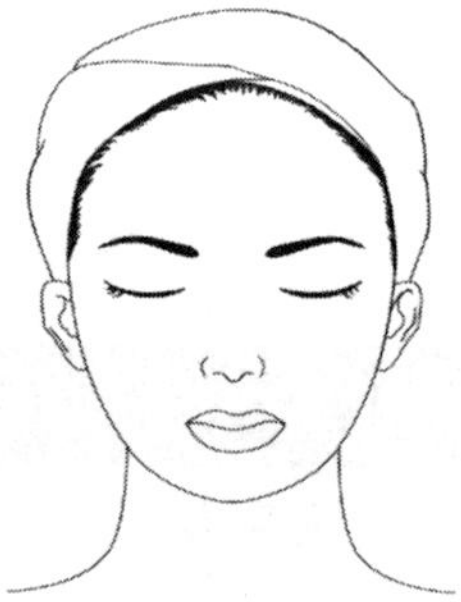		
⑤ 젖은 화장솜으로 아이 패드를 해준다.	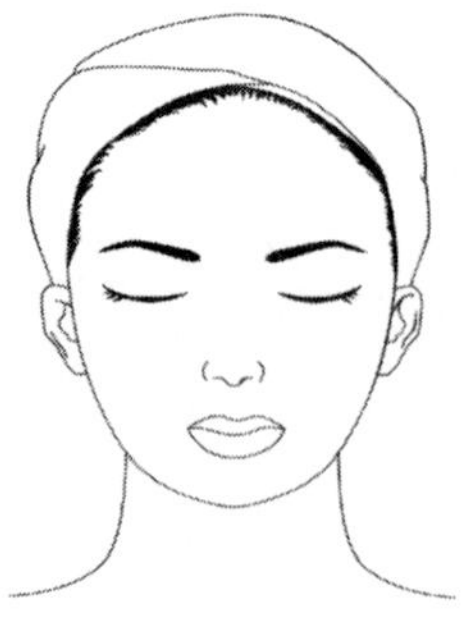		

팩 관리 절차			
동작이름	테크닉 그리기	동작내용	비고
⑥ 팩 도포 후 터번을 풀어 놓고 적정시간을 기다린다.	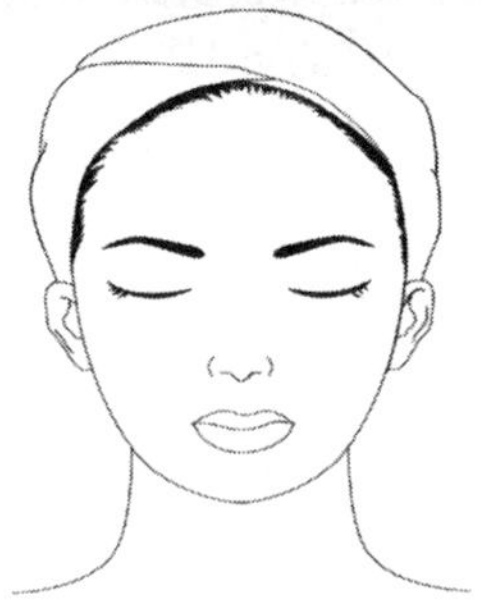		
⑦ 적정시간 후 터번을 매어주고 → 손소독 후 → 해면 → 냉습포로 팩을 제거한다.	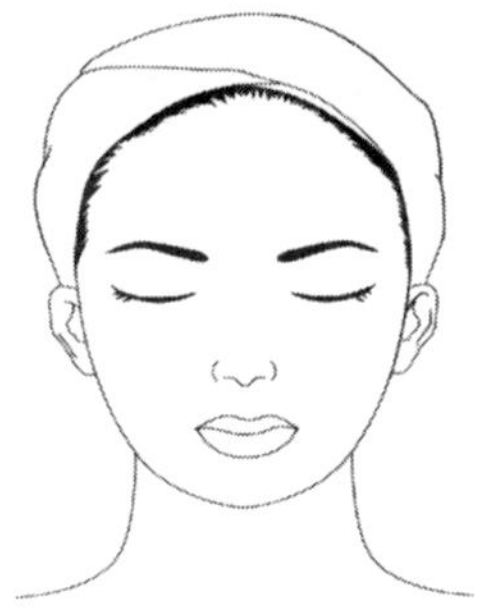		
⑧ 화장수로 피부를 정돈한다.	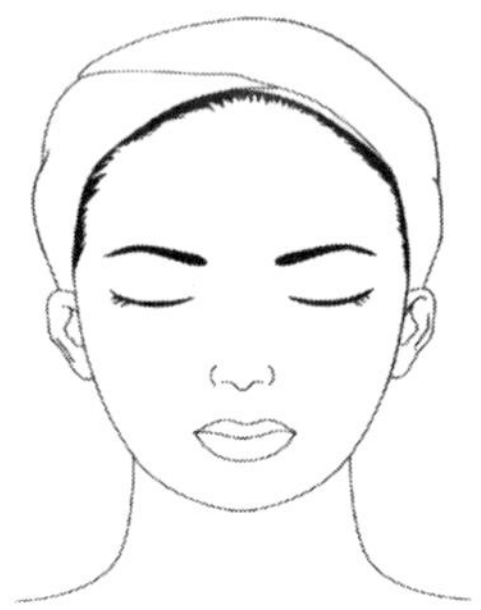		

(3) 마스크 관리 절차

마스크 관리 절차			
동작이름	테크닉 그리기	동작내용	비고
① 티슈로 터번 감싼 후, 손 소독을 한다.	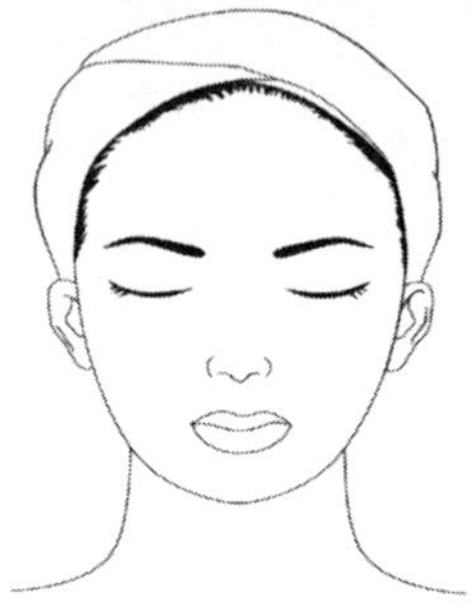		
② 아이 크림, 립 크림 바른다.	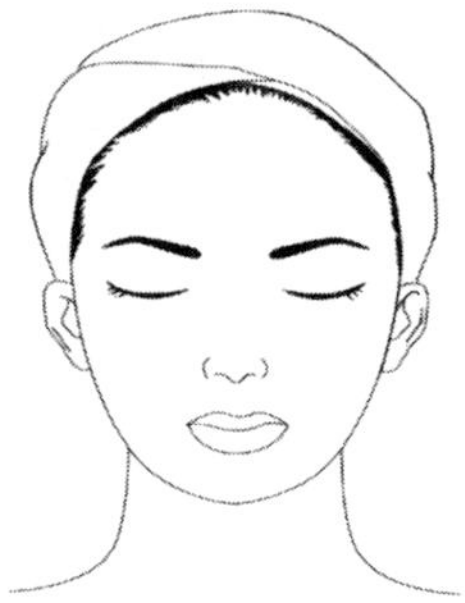		
③ 아이 패드를 한다.	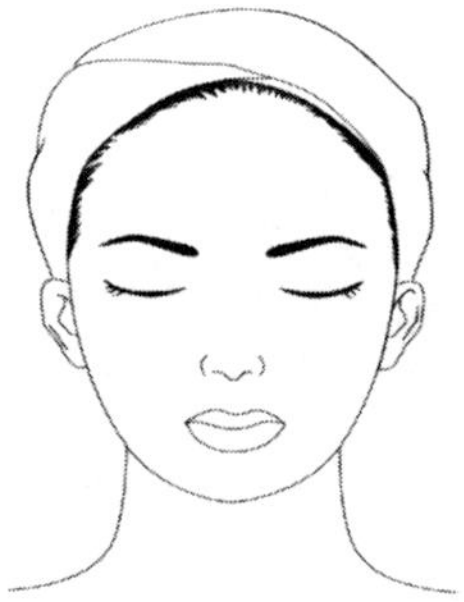		
④ 고무분말 + 물 넣어 개기	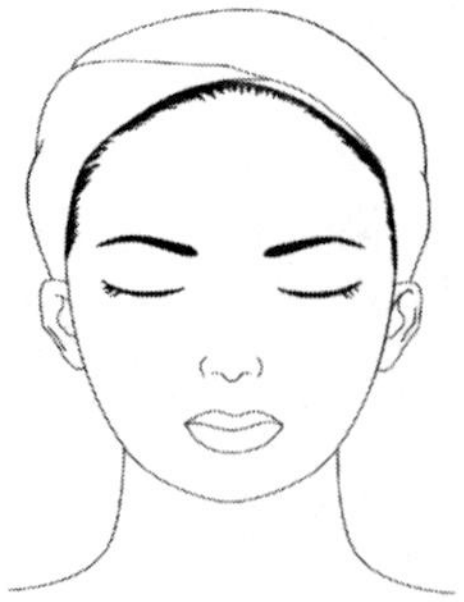		

마스크 관리 절차			
동작이름	테크닉 그리기	동작내용	비고
⑤ 마스크 도포하기 눈 부위 → 이마 → 코 → 오른쪽 볼 → 턱 → 왼쪽 볼 → 인중을 도포	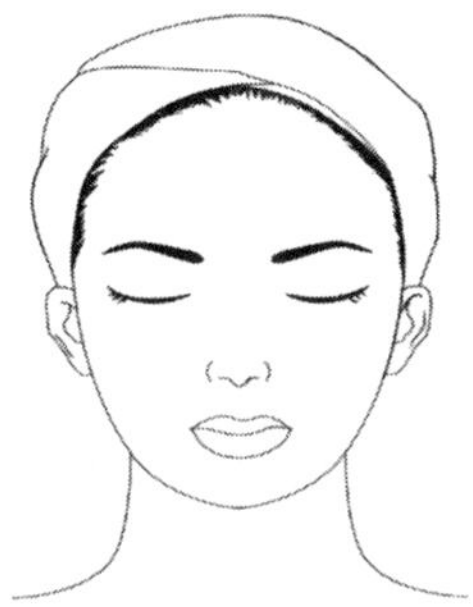		
⑥ 도포 후 터번 풀어놓기, 티슈 제거	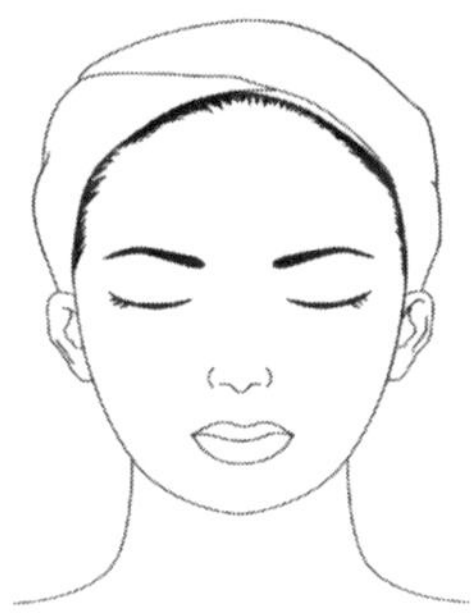		
⑦ 다시 터번 감싸고 손소독	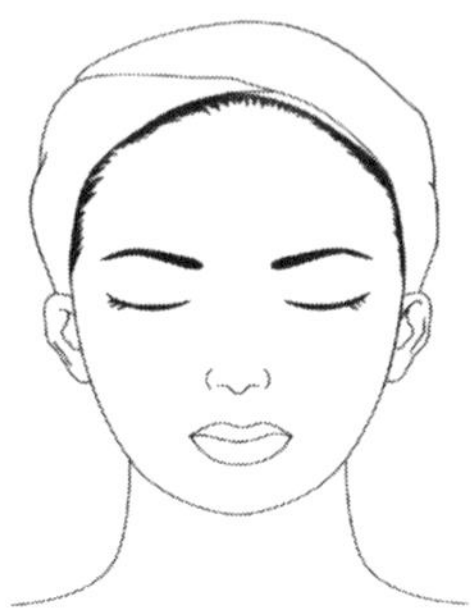		
⑧ 마스크 제거하기	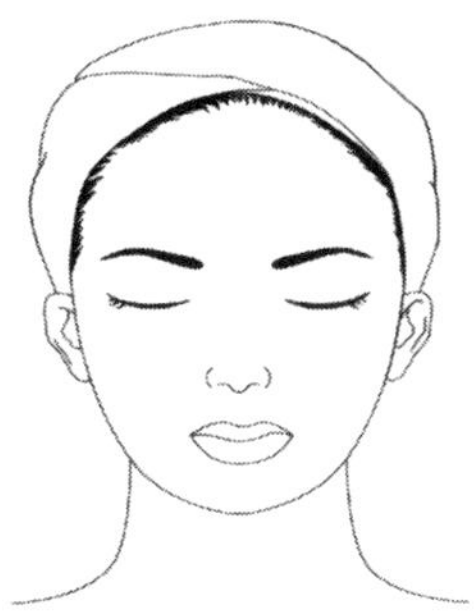		

마스크 관리 절차			
동작이름	테크닉 그리기	동작내용	비고
⑨ 해면으로 닦기	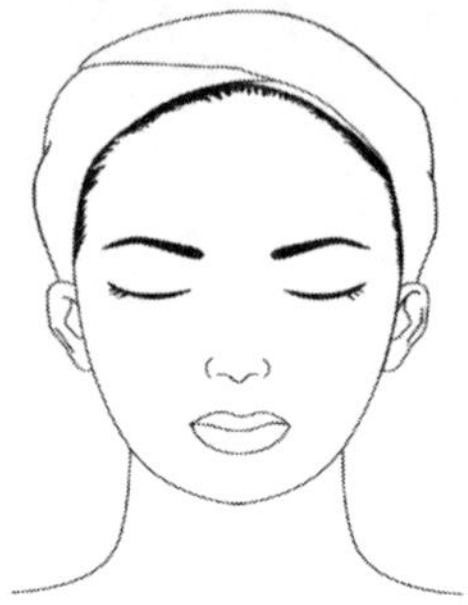		
⑩ 냉습포로 닦기	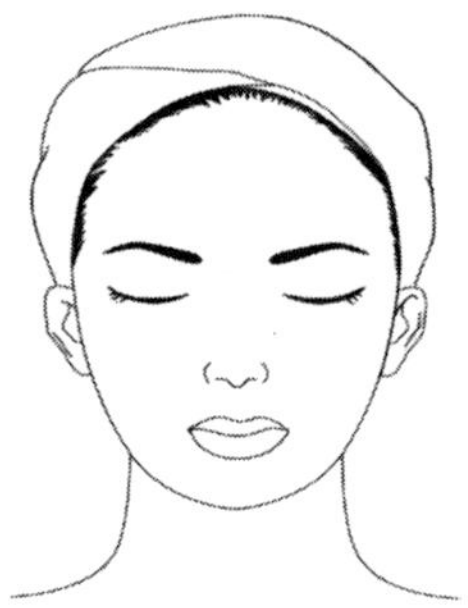		
⑪ 토너정리하기	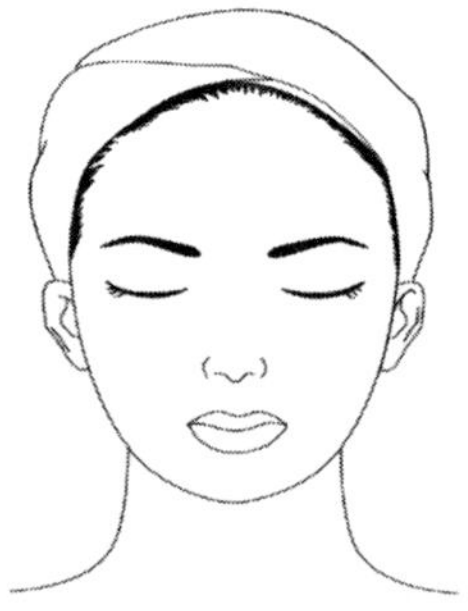		
⑫ 마무리 - 크림 바르기	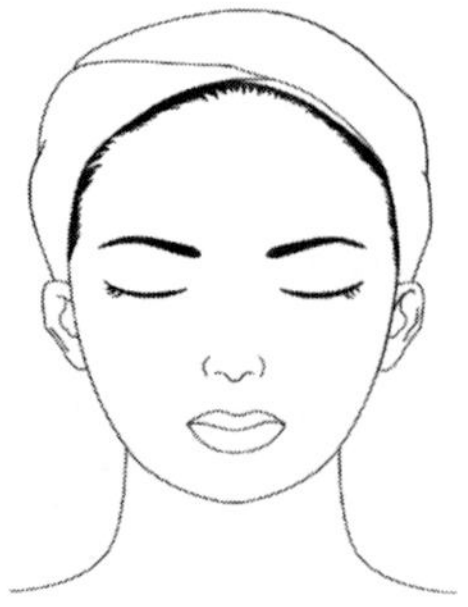		

part 8 얼굴관리 마무리

제1장 얼굴관리 마무리

노력하는 당신은 아름답습니다.
구민사는 당신의 성공을 응원합니다.

1 얼굴관리 마무리

(1) 피부 관리 후 마무리

피부 관리 마지막 단계에서 시행하는 수기 방법으로 주로 경직된 관절과 근육의 피로를 스트레칭 통하여 운동시키는 효과는 갖는 단계이다. 이는 피부 관리에 대한 서비스 질의 향상 및 고객 만족도를 높이고 피로를 완화시킨다.

(2) 마무리 동작 순서

① 후경부 주무르기
후경부의 근육을 가볍게 주물러 준다.

② 후두골 혈점 압 주기
아문, 천주, 풍지, 완골 압을 준다.

③ 어깨 부위의 승모근 반죽하기
어깨 부위의 승모근 가볍게 주물러 준다.

④ 견정 압 주기
견정을 한쪽씩 번갈아 가며 엄지로 압 준다.

⑤ 귀 전체 만져주기
엄지와 검지를 이용하여 가볍게 귀 전체를 꼼꼼하게 만져준다.

⑥ 귀 비벼주기
검지와 중지 사이에 귀를 끼우고 상하로 가볍게 손가락을 이용하면서 귀를 비벼준다.

⑦ 머리 압 주기
머리를 3등분하여 이마에서 백회까지 압을 한다.

⑧ 측두근 압 주기
고객을 한쪽으로 돌린 후 측두근을 지두면으로 압을 한다.

⑨ 목 스트레칭

오른손은 후경부에 왼손은 왼쪽 견봉 부위에 올려놓고 왼손은 견봉을 지긋이 누르고 오른손은 후경부위를 오른쪽 방향으로 잡아당겨 스트레칭 한다. 반대쪽도 실시한다.

⑩ 삼각근 반죽하기

상완부위의 삼각근을 반죽하듯이 주물러 준다.

⑪ 팔 스트레칭

고객의 손목을 부드럽게 잡고 관리사 방향으로 잡아당긴다.

마무리 동작 순서			
동작이름	테크닉 그리기	동작내용	비고
① 후경부 주무르기	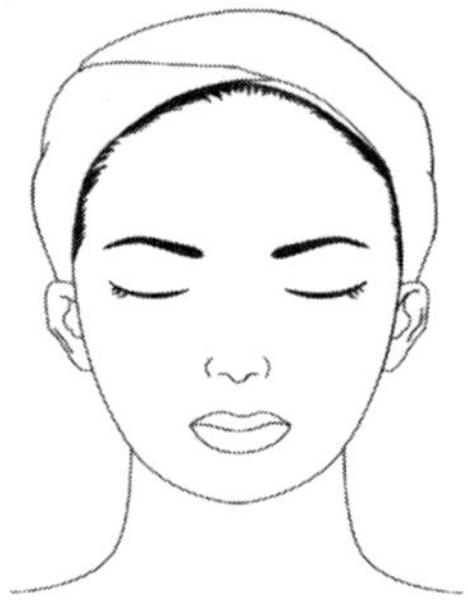		
② 후두골 혈점 압 주기	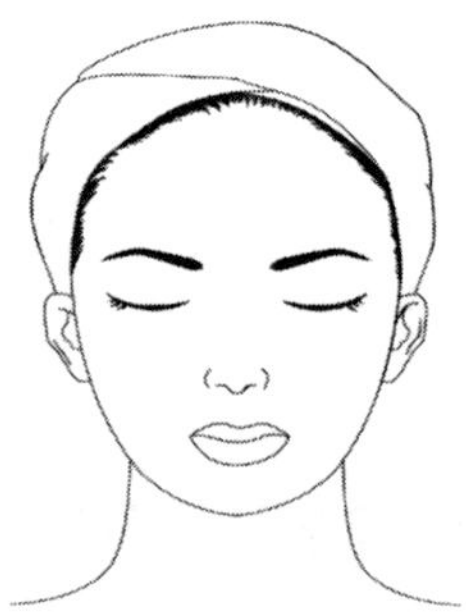		
③ 어깨 부위의 승모근 반죽하기	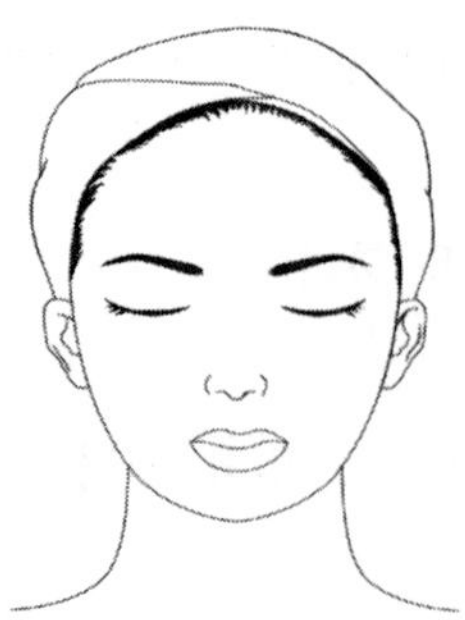		

마무리 동작 순서			
동작이름	테크닉 그리기	동작내용	비고
④ 견정 압 주기	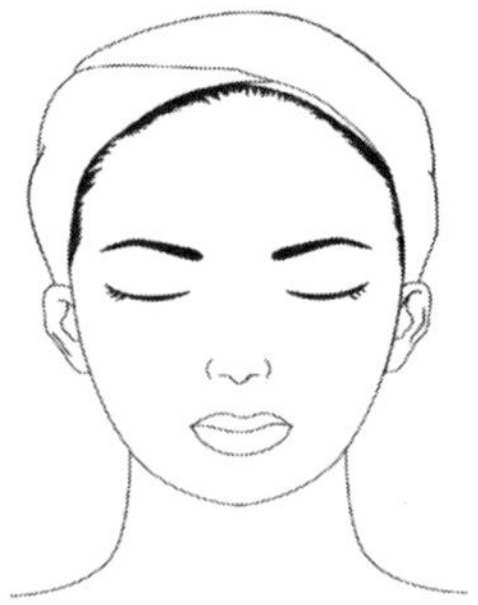		
⑤ 귀 전체 만져주기	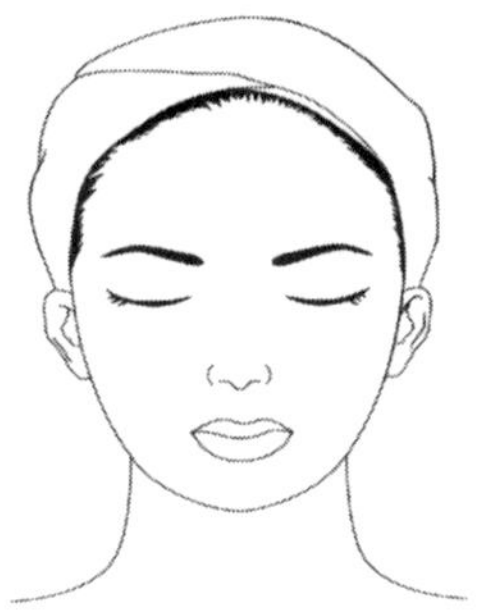		
⑥ 귀 비벼주기	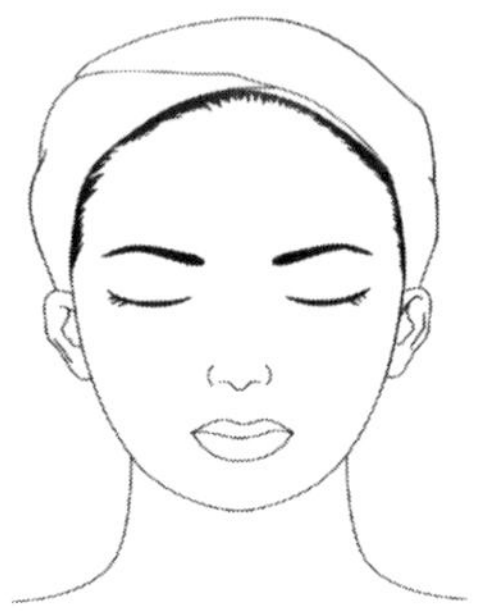		
⑦ 머리 압 주기	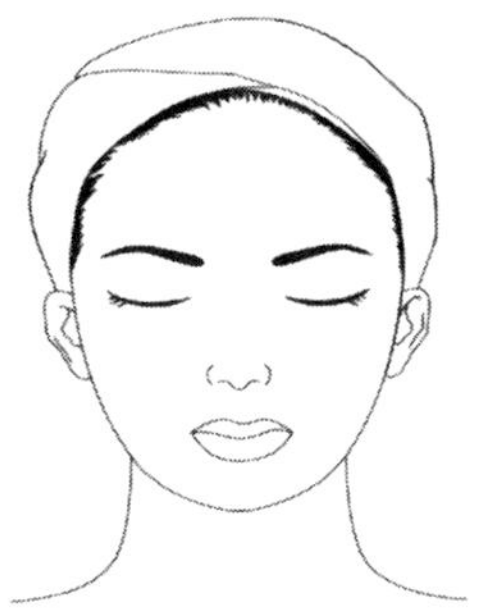		

마무리 동작 순서			
동작이름	테크닉 그리기	동작내용	비고
⑧ 측두근 압 주기	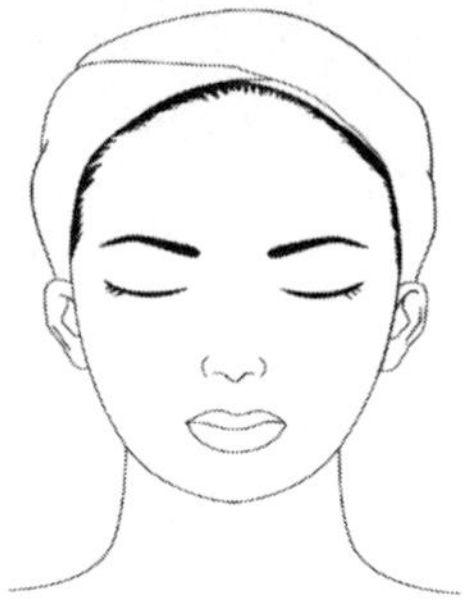		
⑨ 목 스트레칭	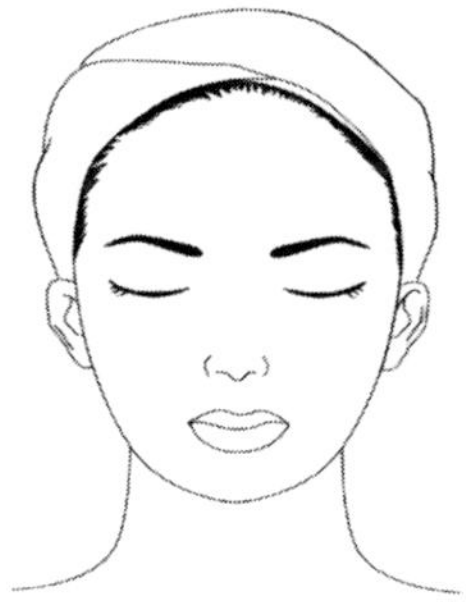		
⑩ 삼각근 반죽하기	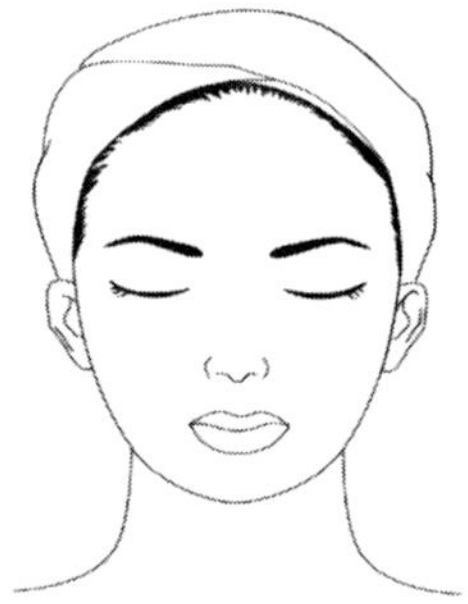		
⑪ 팔 스트레징	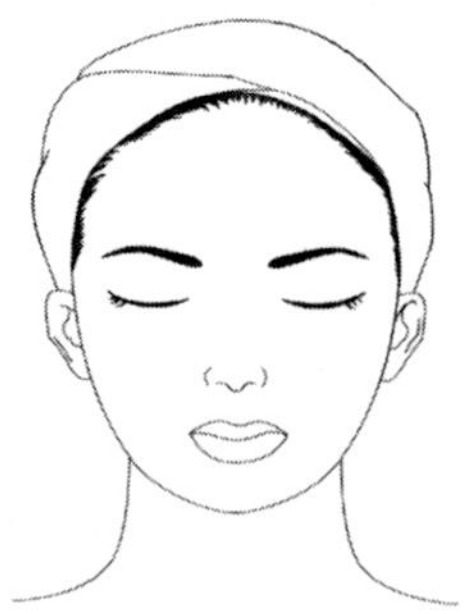		

얼굴관리 수행 능력							
평가영역		평가문항	매우 미흡	미흡	보통	우수	매우 우수
얼굴관리	얼굴 클렌징 하기	얼굴피부유형별 상태에 따라 클렌징 방법과 제품을 선택할 수 있다.	①	②	③	④	⑤
		눈, 입술 순서로 포인트 메이크업을 클렌징 할 수 있다.	①	②	③	④	⑤
		얼굴피부유형에 맞는 제품과 테크닉으로 클렌징 할 수 있다.	①	②	③	④	⑤
		온습포 또는 경우에 따라 냉습포로 닦아내고 토닉으로 정리할 수 있다.	①	②	③	④	⑤
	눈썹 정리하기	눈썹정리를 위해 도구를 소독하여 준비할 수 있다.	①	②	③	④	⑤
		고객이 선호하는 눈썹형태로 정리할 수 있다.	①	②	③	④	⑤
		눈썹정리한 부위에 대한 진정관리를 실시할 수 있다.	①	②	③	④	⑤
	얼굴 딥클렌징 하기	피부 유형별 딥클렌징 제품을 선택 할 수 있다	①	②	③	④	⑤
		선택된 딥클렌징 제품을 특성에 맞게 적용할 수 있다.	①	②	③	④	⑤
		피부미용기기 및 기구를 활용하여 딥클렌징을 적용할 수 있다.	①	②	③	④	⑤
	얼굴 매뉴얼 테크닉 하기	얼굴의 피부유형과 부위에 맞는 매뉴얼 테크닉을 하기 위한 제품을 선택할 수 있다.	①	②	③	④	⑤
		선택된 제품을 피부에 도포할 수 있다.	①	②	③	④	⑤
		5가지 기본 동작을 이용하여 매뉴얼테크닉을 적용할 수 있다.	①	②	③	④	⑤
		얼굴의 피부상태와 부위에 적정한 리듬, 강약, 속도, 시간, 밀착 등을 조절하여 적용 할 수 있다.	①	②	③	④	⑤
	영양물질 도포하기	피부유형에 따라 영양물질을 선택 할 수 있다.	①	②	③	④	⑤
		피부유형에 따라 영양물질을 필요한 부위에 도포 할 수 있다.	①	②	③	④	⑤
		제품의 특성에 따라 영양물질이 흡수되도록 할 수 있다.	①	②	③	④	⑤
	얼굴 팩·마스크 하기	피부유형에 따른 팩과 마스크종류를 선택 할 수 있다.	①	②	③	④	⑤
		제품 성질에 맞는 팩과 마스크를 적용할 수 있다.	①	②	③	④	⑤
		관리 후 팩과 마스크를 안전하게 제거할 수 있다.	①	②	③	④	⑤
	얼굴관리 마무리 하기	얼굴관리가 끝난 후 토닉으로 피부정리를 할 수 있다.	①	②	③	④	⑤
		고객의 얼굴피부유형에 따른 기초화장품류를 선택할 수 있다.	①	②	③	④	⑤
		영양물질을 흡수시키고 자외선 차단제를 사용하여 마무리 할 수 있다.	①	②	③	④	⑤

출처 : http://www.ncs.go.kr 참조

[참고문헌]

페이스 매뉴얼 트리트먼트 | 임진숙, 최경임 「훈민사」 2009
기초피부미용관리 | 김계숙, 강신옥 「훈민사」 2013
기초피부관리학 | 이재남, 이혜영 「구민사」 2014
스킨 트리트먼트 매뉴얼 | 김선희, 이혜원, 하문선 「청구문화사」 2011
피부관리학 | 김명숙 「현문사」 2009

기초피부관리실습
– Practice of Basic Skin Care –

초 판 인쇄 | 2015년 3월 2일
초 판 발행 | 2015년 3월 5일
초판 2쇄 발행 | 2017년 3월 5일

지 은 이 | 박경선, 이혜경, 김준희
발 행 인 | 조규백
발 행 처 | **도서출판 구민사**
(07299) 서울특별시 영등포구 당산로2길 12, 1004호
전 화 | (02) 701-7421(~2)
팩 스 | (02) 3273-9642
홈페이지 | www.kuhminsa.co.kr

등 록 | 제14-29호 (1980년 2월 4일)
I S B N | 979-11-86176-83-2 [13590]

값 13,000원